Fundamentos de Eletrotécnica

OUTRAS OBRAS DO AUTOR:

ANÁLISE DE CIRCUITOS
FUNDAMENTOS DE GERADORES DE CORRENTE CONTÍNUA
Freitas Bastos Editora

P. J. MENDES CAVALCANTI

Fundamentos de Eletrotécnica

22ª Edição

Freitas Bastos Editora S.A.

Copyright © 2015 *by* P. J. Mendes Cavalcanti

Todos os direitos reservados e protegidos pela Lei 9.610, de 19.2.1998.
É proibida a reprodução total ou parcial, por quaisquer meios,
bem como a produção de apostilas, sem autorização prévia,
por escrito, da Editora.

Direitos exclusivos da edição e distribuição em
língua portuguesa reservados para a

Maria Augusta Delgado Livraria, Distribuidora e Editora

Editor: Isaac D. Abulafia
Capa: José Augusto Praguer
Revisão de Texto: Hélio José da Silva
Diagramação: Neilton-Lima

CATALOGAÇÃO NA FONTE
DO
DEPARTAMENTO NACIONAL DO LIVRO

C376f

    Cavalcanti, P. J. Mendes (Paulo João Mendes), 1927-
       Fundamentos de Eletrotécnica / P.J. Mendes
    Cavalcanti. – 22.ed. – Rio de Janeiro:

    Freitas Bastos, 2015

    226 p. 23 cm

    ISBN 978-85-7987-145-0

    1. Eletrotécnica. I. Título

CDD: 621.3

Freitas Bastos Editora
Tel./Fax: (21) 2276-4500
freitasbastos@freitasbastos.com.br
vendas@freitasbastos.com.br
Rio de Janeiro – RJ

ÍNDICE

CAPÍTULO I — **CONSTITUIÇÃO DA MATÉRIA**
Matéria e substância – Moléculas e átomos
prótons e elétrons 01

CAPÍTULO II — **PRODUÇÃO DE CARGAS ELÉTRICAS**
Eletrização – Elétrons livres – Condutores e isolantes 03

CAPÍTULO III — **CORRENTE ELÉTRICA. LEI DE OHM. SENTIDO DA CORRENTE ELÉTRICA**
Quantidade de eletricidade – Intensidade de
uma corrente elétrica – Diferença de potencial –
Resistência elétrica – Lei de Ohm – Sentido da
corrente elétrica – Tipos de correntes elétricas 05

CAPÍTULO IV — **TRABALHO ELÉTRICO. ENERGIA ELÉTRICA. POTÊNCIA ELÉTRICA. LEI DE JOULE**
Trabalho elétrico – Energia elétrica – Queda de tensão
– Potência elétrica – Dissipação de calor num resistor
– Rendimento – Lei de Joule 13

CAPÍTULO V — **CIRCUITOS DE C.C. EM SÉRIE, EM PARALELO E MISTOS. PONTE DE WHEATSTONE**
Fatores de que depende a resistência de um corpo;
resistividade – Resistores – Associação de resistores
em série, em paralelo e mista – Condutividade –
Condutividade percentual – Circuitos de C.C. em
série, em paralelo e mistos – Resistência interna de
uma fonte – Ponte de Wheatstone 22

CAPÍTULO VI — **NOÇÕES ELEMENTARES DE PILHAS PRIMÁRIAS E SECUNDÁRIAS. ASSOCIAÇÃO DE PILHAS**
Pilhas primárias e secundárias – Constantes de uma
pilha – Polarização – Pilha primária de zinco-carvão
– Pilha secundária de chumbo-ácido – Associação
de pilhas 38

CAPÍTULO VII — **ELETRIZAÇÃO POR FRICÇÃO, POR CONTATO E POR INDUÇÃO**
Carga por fricção, por contato e por indução – Eletroscópios – Máquinas eletrostáticas 45

CAPÍTULO VIII – DISTRIBUIÇÃO DAS CARGAS ELÉTRICAS. CONCEITO ELEMENTAR DE CAMPO ELÉTRICO. FLUXO ELÉTRICO E DENSIDADE DE FLUXO ELÉTRICO
Distribuição das cargas elétricas – Densidade elétrica superficial – Campo elétrico e fluxo elétrico – ensidade de fluxo elétrico – Leis de Du Fay e de Coulomb............. 48

CAPÍTULO IX – CAPACITÂNCIA. CAPACITORES. ASSOCIAÇÃO DE CAPACITORES. RIGIDEZ DIELÉTRICA
Capacitor e capacitância de um capacitor Associação de capacitores – Rigidez dielétrica e tensão de ruptura 51

CAPÍTULO X – TEORIA DOS DOMÍNIOS MAGNÉTICOS. GRANDEZAS MAGNÉTICAS FUNDAMENTAIS
Ímãs naturais, artificiais, permanentes e temporários – Teoria dos ímãs moleculares (teoria de Weber-Ewing) – Teoria dos domínios magnéticos – Campo magnético – Magnetismo terrestre – Grandezas magnéticas fundamentais: força magnetomotriz, força magnetizante, fluxo magnético, densidade de fluxo magnético, permeabilidade, permanência e relutância – "Lei de Ohm" para magnetismo 60

CAPÍTULO XI – FORÇA ELETROMOTRIZ INDUZIDA. LEI DE LENZ
Indução eletromagnética – Lei de Lenz – Regra da mão esquerda para determinar o sentido de uma f.e.m.. 69

CAPÍTULO XII – AUTO-INDUTÂNCIA E INDUTÂNCIA MÚTUA
Indutância: auto-indutância e indutância mútua – Força contra-eletromotriz – Coeficiente de auto-indutância – Fatores que determinam a auto-indutância de uma bobina – Coeficiente de indutância mútua – Fatores que determinam a indutância mútua entre duas bobinas – Coeficiente de acoplamento – Associação de indutâncias... 73

CAPÍTULO XIII – PRODUÇÃO DE UMA CORRENTE ALTERNADA SENOIDAL
Produção de uma C.A. senoidal; valores instantâneos Freqüência de uma C.A. – Grau elétrico de tempo – Valores médio, eficaz e pico a pico de uma f.e.m. ou corrente senoidal... 81

CAPÍTULO XIV – REATÂNCIAS INDUTIVA E CAPACITIVA. RESISTÊNCIA EFETIVA. IMPEDÂNCIA. POTÊNCIA EM C.A. FATOR DE POTÊNCIA
Reatância indutiva – Reatância capacitiva – Resistência efetiva – Impedância – Potências real, aparente e reativa –Fator de potência 88

CAPÍTULO XV – VARIAÇÃO DA RESISTÊNCIA ELÉTRICA COM A TEMPERATURA
Resistência zero inferida – Coeficiente de temperatura da resistência – Supercondutividade............................ 93

Fundamentos de Eletrotécnica

VII

CAPÍTULO XVI– TERMOELETRICIDADE
Efeito Seebeck – Termocuplo – Efeito Peltier – Efeito
Thomson 99

CAPÍTULO XVII– ESTRUTURAS DE CORRENTE CONTÍNUA
Leis de Kirchhoff – Teorema da superposição – Método
das correntes cíclicas de Maxwell – Teorema de
Thévenin – Transformações triângulo-strela e estrela-
triângulo 101

**CAPÍTULO XVIII– INTENSIDADE DE CAMPO ELÉTRICO. LEI DE
COULOMB. CAPACITÂNCIA**
Teorema de Gauss – Intensidade de campo elétrico
– Permissividade – Lei de Coulomb – Gradiente de
potencial elétrico – Cálculo de capacitores de placas
planas e paralelas 116

CAPÍTULO XIX– CIRCUITOS MAGNÉTICOS
Conceito de circuito magnético – Relutâncias em
série e em paralelo – Leis de Kirchhoff para circuitos
magnéticos – Curvas de magnetização – Cálculo dos
circuitos magnéticos – Força magnética entre duas
superfícies que limitam um entreferro – Materiais
diamagnéticos, paramagnéticos e ferromagnéticos
– Histerese; equação de Steinmetz – Correntes de
Foucault – Ímãs permanentes 123

**CAPÍTULO XX– CARGAS ELÉTRICAS EM MOVIMENTO NUM
CAMPO MAGNÉTICO**
Força sobre uma carga elétrica em movimento num
campo magnético – Força que age sobre um condutor
que conduz corrente num campo magnético – Regra
da mão direita – Regra de Fleming para motores –
Força entre condutores paralelos que conduzem
correntes 132

CAPÍTULO XXI– TRANSIENTES EM CORRENTE CONTÍNUA
Circuito R-C – Constante de tempo de um circuito
R-C – Circuito R-L – Constante de tempo de
um circuito R-L – Resolução gráfica – Energia
armazenada num capacitor – Energia armazenada
num campo magnético.. 136

CAPÍTULO XXII– VETORES E QUANTIDADES COMPLEXAS
Grandezas vetoriais e vetores – Representação
vetorial de ondas senoidais – Vetores em coordenadas
polares – Vetores em coordenadas retangulares –
Conversão de forma polar em retangular e vice-versa
– Operações com vetores na forma polar – Operações
com vetores na forma retangular 144

CAPÍTULO XXIII– CIRCUITOS MONOFÁSICOS IDEAIS
Circuito puramente resistivo – Circuito puramente
capacitivo – Circuito puramente indutivo..................... 150

VIII   *P. J. Mendes Cavalcanti*

CAPÍTULO XXIV– CIRCUITOS MONOFÁSICOS DE C.A. (CIRCUITOS EM SÉRIE, TIPOS R-C, R-L E R-L-C)
Associação de impedâncias – Circuito em série tipo R-C – Circuito em série tipo R-L – Circuito em série tipo R-L-C – Ressonância em circuitos em série 154

CAPÍTULO XXV– CIRCUITOS MONOFÁSICOS DE C.A. (CIRCUITOS EM PARALELO E MISTOS)
Associação de impedâncias – Admitância, condutância e susceptância – Ressonância em circuitos em paralelo – Correção do fator de potência 164

CAPÍTULO XXVI – TRANSFORMADORES MONOFÁSICOS
O transformador ideal – Perdas no cobre e perdas no ferro – Impedância refletida – Casamento de impedâncias – Circuito equivalente de um transformador – Eficiência e regulação de um transformador – Testes em circuito aberto e em curto-circuito – Autotransformador 175

CAPÍTULO XXVII– NOÇÕES DE MÁQUINAS DE CORRENTE CONTÍNUA
Partes constituintes e princípio de funcionamento – Tipos de acordo com a excitação – Reação da armadura – O coletor 185

CAPÍTULOXXVIII– NOÇÕES DE MÁQUINAS DE CORRENTE ALTERNADA (ALTERNADORES)
Excitatriz – Geradores síncronos e de indução – Geradores monofásicos e polifásicos – Sistemas trifásicos equilibrados 188

CAPÍTULO XXIX– NOÇÕES DE MÁQUINAS DE CORRENTE ALTERNADA (MOTORES)
Campo rotativo – Motores trifásicos síncronos e de indução – Velocidade síncrona – Deslizamento ("slip") – Motores monofásicos de indução, de repulsão e universais 192

APÊNDICE 1 – Medidores Elétricos 197

APÊNDICE 2 – Bitola A W G (American Wire Gage)...................................... 200

APÊNDICE 3 – Limite de condução de corrente de condutores isolados 202

APÊNDICE 4 – Constantes dielétricas 203

APÊNDICE 5 – Rigidez de algumas substâncias 204

APÊNDICE 6 – Coeficiente de Temperatura da Resistência de Metais e Liga .. 205

APÊNDICE 7 – Resistividade, a 20° C. de Algumas Substâncias 207

APÊNDICE 8 – Relações Trigonométricas 208

APÊNDICE 9 – Condutividades percentuais 209

APÊNDICE 10 – Curvas de Magnetização 210

APÊNDICE 11 – Curvas Exponenciais Universais................................. 211

APÊNDICE 12 – Deduções Matemáticas.. 212

PREFÁCIO DA 22ª EDIÇÃO

Desejo, inicialmente, agradecer aos Srs. Professores e aos estudiosos de Eletricidade pela acolhida dispensada a este trabalho. Creio que ela é resultante do modo como os conhecimentos deste ramo da ciência são apresentados, não só pela linguagem que procura facilitar a compreensão do estudante, como também, e principalmente, pela seqüência realmente nova com que os temas são abordados; este último fato distingue, sem dúvida, este livro de obras congêneres.

Toda a teoria básica indispensável à formação de um técnico é encontrada em seus 29 capítulos e 12 apêndices. Os leitores observarão que nos quatorze primeiros capítulos o estudante já adquiriu uma noção geral de todos os conceitos básicos de eletricidade e que os demais capítulos visam o reforço dessa aprendizagem e a apresentação de novos e mais complexos temas. Isto foi planejado para permitir que o livro possa ser usado quando os conhecimentos gerais dos estudantes ainda não são suficientes para uma abordagem inicial mais profunda.

Os problemas oferecidos (72 totalmente resolvidos e 199 propostos com as respectivas respostas) contribuem para a fixação do que estiver sendo lecionado e proporcionam aos mestres excelentes oportunidades para novas considerações de ordem prática e teórica.

Os apêndices complementam o texto e reforçam o tratamento matemático de determinados tópicos.

Finalmente, ciente de que este livro de Eletrotécnica não é uma solução definitiva para o que se propõe, espero que esta edição, revista e melhorada, continue contribuindo pelo menos para minorar o problema do ensino técnico em nosso país.

Paulo João Mendes Cavalcanti

Aos meus pais, por todo o sacrifício e compreensão, dedico este livro.

* * *

Aos meus professores, minha gratidão

CAPÍTULO I

CONSTITUIÇÃO DA MATÉRIA

Matéria e Substância

Aquilo que constitui todos os corpos e pode ser percebido por qualquer dos nossos sentidos é MATÉRIA. A madeira de que é feito o quadro-negro e o vidro de que se faz o bulbo de uma lâmpada são exemplos de matéria.

Vemos que o nome MATÉRIA se relaciona com uma variedade grande de coisas. Cada tipo particular de matéria é uma SUBSTÂNCIA, e, portanto, existem milhares de substâncias diferentes.

Moléculas e Átomos

Qualquer substância é formada por partículas muitíssimo pequenas e invisíveis (mesmo com o auxílio de microscópio) chamadas MOLÉCULAS.

A molécula é a menor parte em que se pode dividir uma substância, e que apresenta todas as características da mesma. Por exemplo, uma molécula de ácido sulfúrico é a menor quantidade deste ácido que pode existir.

As moléculas são constituídas por ÁTOMOS. O número de átomos que compõem uma molécula varia de acordo com a substância. Assim, numa molécula de água encontramos 3 átomos; a de ácido sulfúrico é um conjunto de 7 átomos, etc.

Os átomos de uma molécula podem ser iguais ou não. Quando são iguais, a substância é SIMPLES, e cada átomo é conhecido com o mesmo nome da substância. Como exemplos de substâncias simples podemos citar o ferro, o cobre, o zinco, o alumínio, o oxigênio, o hidrogênio, etc.

Quando os átomos são diferentes, a substância é COMPOSTA, e, neste caso, os átomos não são designados do mesmo modo. Exemplos de substâncias compostas: água, ácidos, sais, etc.

Atualmente são conhecidos 103 tipos diferentes de átomos, Cada tipo, como sabemos, recebeu um nome e tem suas características próprias. São esses átomos que, combinados, variando a quantidade, a qualidade e o modo de combinação, originam as diferentes moléculas das substâncias simples e compostas.

Prótons e Elétrons

O que distingue um átomo de outro?

Os átomos não são indivisíveis, como se poderia concluir pelo significado da palavra átomo (indivisível). São aglomerados de partículas, cuja disposição é geralmente comparada à de um sistema solar em miniatura (ÁTOMO DE BOHR). Este esquema, embora não seja a concepção mais moderna do átomo, atende bem aos nossos objetivos, e representa o átomo como um conjunto formado por um NÚCLEO, em torno do qual giram minúsculas partículas chamadas ELÉTRONS.

Os elétrons giram em órbitas diversas, uns em um sentido e outros em sentido oposto, variando o número de elétrons em cada órbita. O núcleo é na verdade um conjunto de partículas de várias espécies, das quais nos interessam mais as chamadas PRÓTONS (o homem já identificou mais de uma dezena de partículas diferentes: prótons, nêutrons, mésons, neutrinos, etc.).

É o número de prótons existentes no núcleo de um átomo – NÚMERO ATÔMICO – que determina o tipo de átomo. Em um átomo nas condições normais, o número de elétrons é igual; ao número de prótons.

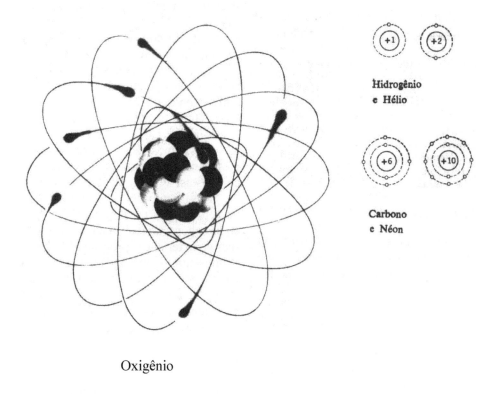

Oxigênio

Modelos de Átomos

FIG. I-1

CAPÍTULO II
PRODUÇÃO DE CARGAS ELÉTRICAS

Eletrização

Normalmente, como foi dito, um átomo possui elétrons em quantidade igual à dos prótons existentes em seu núcleo.

É possível, porém, fazer os átomos de um corpo perderem elétrons ou adquirirem um excesso de elétrons, transformando-os em ÍONS, isto é, em ÁTOMOS CARREGADOS DE ELETRICIDADE.

Isto ocorre porque os elétrons são partículas (as menores) com carga elétrica negativa e os prótons com carga elétrica positiva. Numericamente, a carga de um próton é igual à de um elétron, porém, como seus efeitos ou ações são opostos, uma é considerada positiva e a outra negativa. Em um átomo sem carga elétrica, as cargas de um tipo são anuladas pelas de outro tipo, e dizemos que o átomo está ELETRICAMENTE NEUTRO ou NORMAL. Se, porém, o átomo perder ou receber elétrons, aquele equilíbrio de cargas deixará de existir e ele se transformará em um ÍON. Se ficar com falta de elétrons, será um ÍON POSITIVO ou CÁTION; se ficar com excesso de elétrons, tornar-se-á um ÍON NEGATIVO ou ANÍON.

Um corpo cujos átomos perderam elétrons adquiriu CARGA POSITIVA; se seus átomos ficaram com um número de elétrons superior ao normal, adquiriu CARGA NEGATIVA.

É comum dizermos também que um átomo ou um corpo ficou ELETRIZADO ou IONIZADO, significando que adquiriu carga elétrica.

O ato de fazer com que um corpo adquira uma carga elétrica é conhecido como IONIZAÇÃO ou ELETRIZAÇÃO.

Há vários processos para desequilibrar eletricamente os átomos de um corpo. Vejamos sucintamente alguns deles, que serão estudados com maiores detalhes no decorrer do curso.

O primeiro processo de que se tem notícia é o da ELETRIZAÇÃO POR FRICÇÃO. Sabe-se que quando um corpo é friccionado com outro, ambos adquirem cargas elétricas, um por perder elétrons e o outro por recebê-los; aquele fica com falta de elétrons, que corresponde a uma carga positiva, e este com carga negativa ou excesso de elétrons. Qualquer material pode ser eletrizado deste modo, e suas cargas podem ser constatadas por experiências simples como a da atração de pequenos corpos leves (bolinhas de sabugueiro, pedacinhos de papel, etc.).

Quando a luz incide sobre determinadas substâncias provoca uma emissão de elétrons, o que, evidentemente, redunda em uma carga elétrica. A eletricidade produzida deste modo é denominada FOTOELETRICIDADE.

O calor também é causa de emissão de elétrons por parte de certos materiais. O filamento de uma válvula de rádio, por exemplo, que é semelhante ao filamento de uma lâmpada incandescente comum, emite elétrons quando sua temperatura se torna suficientemente alta. Neste caso, falamos de TERMOELETRICIDADE.

Certos cristais, como o quartzo, os sais de Rochelle e a turmalina, ficam com átomos ionizados, quando são submetidos a pressões mecânicas. Trata-se do fenômeno conhecido como PIEZOELETRICIDADE, de grande aplicação.

A maior parte da energia elétrica que consumimos é obtida fazendo-se passar fios de cobre através do espaço entre pólos de ímãs; este o princípio de funcionamento dos geradores nas grandes usinas elétricas, dos dínamos de automóvel, etc.

São muito conhecidos, pelo grande uso que delas fazemos em rádios, lanternas, automóveis, etc., os GERADORES ELETROQUÍMICOS ou PILHAS. Nestes dispositivos conseguimos obter cargas elétricas por meio de reações químicas entre diferentes substâncias. Seu estudo faz parte da ELETROQUÍMICA.

Também pelo choque de partículas com átomos (elétrons com átomos de certos gases, em algumas válvulas de rádio, por exemplo), ou com certos materiais, é possível obter cargas elétricas, em conseqüência da emissão de elétrons causada pelo impacto.

Como já foi dito, um estudo desenvolvido de cada processo citado será efetuado na devida época. Como terá sido observado, falamos de PRODUÇÃO DE ELETRICIDADE sempre que os corpos adquirem cargas elétricas, perdendo elétrons ou ficando com um excesso dessas partículas.

Elétrons Livres

É importante salientar que os elétrons que se libertam dos átomos são aqueles que giram mais afastados dos respectivos núcleos. Os elétrons orbitais e os prótons do núcleo exercem atrações mútuas e, graças ao movimento de que estão animados, os elétrons se mantêm em suas órbitas.

Em alguns materiais, porém, os elétrons das últimas órbitas sofrem muito pouco a ação do núcleo e normalmente se deslocam de átomo para átomo, numa espécie de rodízio desordenado; são os ELÉTRONS LIVRES.

Os elétrons livres existem em grande número nos materiais chamados BONS CONDUTORES de eletricidade, e não existem, ou praticamente não existem, nos chamados ISOLANTES.

É esta particularidade que permite a distinção entre essas duas classes de materiais. Como exemplos de materiais bons condutores, podemos citar a prata, o cobre, o alumínio, o ferro, o mercúrio. Como exemplos de materiais isolantes temos: a madeira, o vidro, a porcelana, a mica, o papel e a borracha. É importante salientar, desde já, que não há condutor ou isolante perfeito.

CAPÍTULO III

CORRENTE ELÉTRICA. LEI DE OHM. SENTIDO DA CORRENTE ELÉTRICA

Quando um átomo adquire carga elétrica, sua tendência natural é voltar às condições normais, isto é, ficar eletricamente neutro. Evidentemente, um corpo eletrizado tende a perder sua carga, libertando-se dos elétrons em excesso ou procurando receber elétrons para satisfazer suas necessidades. Assim, é fácil concluir que basta unir corpos em situações elétricas diferentes, para que se estabeleça, de um para o outro, um fluxo de elétrons – UMA CORRENTE ELÉTRICA.

Este fenômeno pode ocorrer, portanto, em qualquer uma das possibilidades abaixo:

a) entre um corpo com carga positiva e outro com carga negativa;
b) entre corpos com cargas positivas, desde que as deficiências de elétrons não sejam iguais;
c) entre corpos com cargas negativas, desde que suas cargas não tenham o mesmo valor;
d) entre um corpo com carga positiva e outro neutro;
e) entre um corpo com carga negativa e outro neutro.

Para se ter uma idéia exata da grandeza (INTENSIDADE) de uma corrente elétrica, tornou-se necessário estabelecer um padrão, e, deste modo, fala-se do maior ou menor número de elétrons que passam por segundo num determinado ponto de um condutor, quando se quer dizer que a corrente é mais forte ou mais fraca.

Falar em elétrons que passam por segundo é, porém, deixar de ser prático, pois as quanidades envolvidas nos problemas correspondem a números muito grandes. A fim de eliminar esse inconveniente, faz-se uso de uma unidade de carga – o COULOMB (C) – que corresponde a $6,28 \times 10^{18}$ elétrons.

Quando se diz que a carga de um corpo é de $- 3$ C, isto significa que ele tem um excesso (indicado pelo sinal) de $3 \times 6,28 \times 10^{18}$ elétrons. Se sua carga fosse indicada pelo valor $+ 5,8$ C, compreenderíamos que lhe faltavam (carga positiva) $5,8 \times 6,28 \times \times 10^{18}$ elétrons.

Vê-se que é grande a conveniência de usar o Coulomb como unidade de carga elétrica e de falar do número de coulombs que passam por segundo, para indicar a INTENSIDADE DA CORRENTE ELÉTRICA (I).

Uma intensidade de corrente de 1 COULOMB POR SEGUNDO (I C/s) é o que chamamos de 1 AMPÈRE (A). Se, por exemplo, tivessem passado 30 coulombs por um certo ponto, no tempo de 10 segundos, diríamos que a intensidade da corrente era de 3 ampères (3 coulombs por segundo). Naturalmente que, durante as considerações que fizemos, foi admitida uma corrente de valor uniforme.

Do exposto, concluímos que a intensidade de uma corrente elétrica é a quantidade de eletricidade (ou carga elétrica) que passa num determinado ponto, na unidade de tempo. Representando por "Q" a quantidade de eletricidade, por "t" o tempo e por "I" a intensidade da corrente:

$$I = \frac{Q}{t}$$

donde

$$Q = I\,t \qquad e \qquad t = \frac{Q}{I}$$

I = em AMPÈRES (A)
Q = em COULOMBS (C)
t = em SEGUNDOS (s)

EXEMPLOS:

1 – Pelo filamento de uma lâmpada incandescente passaram 5 C. Sabendo que ela esteve ligada durante 10 segundos, determinar a intensidade da corrente elétrica.

SOLUÇÃO:

$$Q = 5\ C$$

$$t = 10\ s$$

$$I = \frac{Q}{t} = \frac{5}{10} = 0,5\ A$$

2 – Pelo filamento de uma válvula eletrônica passou uma corrente de intensidade igual a 0,15 A. Sabendo que a válvula esteve funcionando durante 2 horas, determinar a carga que percorreu seu filamento.

SOLUÇÃO: Uma corrente de 0,15 A significa que em cada segundo passa 0,15 C pelo filamento. Logo, em 2 horas = 7.200 segundos passarão 0,15 × 7.200 = 1.080 coulombs, ou,

$$I = 0,15\ A$$

$$t = 2h = 7.200\ s$$

$$Q = I\,t = 0,15 \times 7.200 = 1.080\ C$$

3 – Durante quanto tempo esteve ligado um aparelho elétrico, para que pudesse ter sido percorrido por 50 C? A intensidade da corrente era de 2,5 A.

SOLUÇÃO: Se em cada segundo passavam 2,5 C, os 50 C gastaram 50/25 = 20 segundos para percorrer o aparelho. Ou,

$$Q = 50\ C$$

$$I = 2,5\ A$$

$$t = \frac{Q}{I} = \frac{50}{2,5} = 20\ s$$

Sabemos que é normal a utilização de circuitos elétricos durante horas, e, por isso, utiliza-se uma unidade prática de quantidade de eletricidade muito conveniente chamada AMPÈRE-HORA (Ah).

Um ampère-hora é a quantidade de eletricidade que passa por um ponto de um condutor em 1 hora, quando a intensidade da corrente é de 1 ampère. É fácil concluir que 1 Ah corresponde a 3.600 coulombs:

$$1\ C = 1\ A \times 1\ s$$

$$1\ Ah = 1\ A \times 1\ h$$

$$1\ h = 3.600\ s$$

EXEMPLO:

O elemento aquecedor de um ferro elétrico foi percorrido durante 3 horas por uma corrente de intensidade igual a 7,5 A. Qual a quantidade de eletricidade que circulou por ele? Dar a resposta em coulombs e em ampères-horas.

SOLUÇÃO:

I = 7,5 A

t = 3h = 10.800 s

Q = I t = 7,5 × 10.800 = 81.000 C

Q = 7,5 × 3 = 22,5 Ah

Diferença de Potencial (d. d. p.) e Resistência Elétrica

Sempre que um corpo é capaz de enviar elétrons para outro, ou dele receber estas partículas, dizemos que tem POTENCIAL ELÉTRICO. Se um corpo "A" manda elétrons para um outro corpo "B", DIZ-SE QUE "A" É NEGATIVO EM RELAÇÃO A "B", e, naturalmente, "B" É POSITIVO EM RELAÇÃO A "A".

Dois corpos entre os quais pode se estabelecer um fluxo de elétrons apresentam uma DIFERENÇA DE POTENCIAL.

Vimos, assim, que entre dois corpos (ou dois pontos quaisquer de um circuito elétrico) que apresentam situações elétricas diferentes há sempre a POSSIBILIDADE DE SE ESTABELECER UMA CORRENTE ELÉTRICA, isto é, existe uma DIFERENÇA DE POTENCIAL.

Esta grandeza é conhecida também como FORÇA ELETROMOTRIZ (f.e.m.), TENSÃO, VOLTAGEM e PRESSÃO ELÉTRICA. É designada geralmente pela letra "E" e algumas vezes por "V" ou "U".

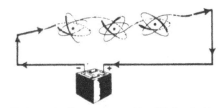

Movimento de elétrons em um condutor sólido ligando dois pontos em situações elétricas diferentes. Observar o movimento de elétrons livres.

FIG. III-1

Sabemos agora que, se houver uma d. d. p. entre dois pontos e eles forem postos em contato, haverá a produção de uma corrente elétrica. É evidente que o meio (o material usado para ligar os dois pontos) irá oferecer uma certa dificuldade ao deslocamento dos elétrons; esta oposição que um material oferece à passagem de uma corrente elétrica é denominada RESISTÊNCIA ELÉTRICA (R). Como conseqüência natural da dificuldade em apreço, podemos citar a produção de calor em qualquer corpo percorrido por uma corrente elétrica, e podemos tomar como UNIDADE DE RESISTÊNCIA ELÉTRICA A RESISTÊNCIA DE UM CORPO EM QUE É PRODUZIDA UMA QUANTIDADE DE CALOR DE UM JOULE, QUANDO ELE É ATRAVESSADO POR UMA CORRENTE DE UM AMPÈRE, DURANTE UM SEGUNDO. Esta unidade é chamada OHM e indicada com a letra Ω, do alfabeto grego.

Quando unimos dois pontos por meio de um fio, cuja resistência sabemos que é de 1 OHM, e nele se estabelece uma corrente de intensidade igual a 1 AMPÈRE, dizemos que entre os pontos considerados existe uma unidade de diferença de potencial, chamada VOLT (V).

Lei de OHM

George Simon Ohm estudou as relações entre a tensão (E), a intensidade de uma corrente elétrica (I) e a resistência elétrica (R), e chegou à seguinte conclusão conhecida como LEI DE OHM:

"A INTENSIDADE DA CORRENTE ELÉTRICA NUM CONDUTOR É DIRETAMENTE PROPORCIONAL À FORÇA ELETROMOTRIZ E INVERSAMENTE PROPORCIONAL À SUA RESISTÊNCIA ELÉTRICA".

Em outras palavras: se mantivermos constante a resistência elétrica, a intensidade da corrente aumentará se a tensão aumentar, e diminuirá se a tensão diminuir. Se a tensão for mantida constante, a intensidade da corrente decrescerá se a resistência aumentar, e crescerá se a resistência for reduzida.

Eis a equação que corresponde à Lei de Ohm:

$$I = \frac{E}{R}$$

I = intensidade da corrente em AMPÈRES (A)
E = tensão, em VOLTS (V)
R = resistência elétrica, em OHMS (Ω)

Da expressão acima, podemos deduzir que:

$$E = I\,R \qquad R = \frac{E}{I}$$

NUNCA se deve concluir, porém, ao observar as expressões acima, que a resistência é diretamente proporcional à tensão e inversamente proporcional à intensidade da corrente; como veremos adiante, a resistência elétrica de um corpo depende apenas de características físicas por ele apresentadas.

Quanto à tensão, é bom lembrar que é CAUSA e não EFEITO.

EXEMPLOS:

1 – Que corrente passará pelo filamento de uma lâmpada, se ela for ligada aos terminais de um gerador de 100 V? Seu filamento tem uma resistência de 20 ohms.

SOLUÇÃO:

NOTA: Antes de resolvermos o problema acima, chamamos a atenção para o seguinte fato:

Denominamos de gerador de eletricidade a um dispositivo em que existem dois pontos (os terminais) com potenciais elétricos diferentes. Ao ligarmos os dois pontos, como neste problema, há a produção de uma corrente elétrica, com a tendência de igualar eletricamente os mesmos; tal objetivo não é conseguido devido aos fenômenos que ocorrem no interior do gerador e que mantêm a d. d. p. e a corrente.

Vejamos o problema:

$$E = 100\ V$$

$$R = 20\ ohms$$

$$I = \frac{E}{R} = \frac{100}{20} = 5\ A$$

Se recordarmos a definição de volt que foi dada, poderemos raciocinar que

Fundamentos de Eletrotécnica 9

a tensão de 100 volts poderia causar uma corrente de 100 A, se a resistência fosse de 1 ohm. Esta, sendo, porém, 20 vezes maior, a corrente terá que ser 20 vezes menor que 100 A, isto é, 5 A.

2 – Que resistência tem um pedaço de fio que, ligando dois pontos entre os quais há uma d. d. p. de 1,5 V, é percorrido por uma corrente de 2 A?

SOLUÇÃO:

$$E = 1,5 \text{ V}$$
$$I = 2 \text{ A}$$
$$R = \frac{E}{I} = \frac{1,5}{2} = 0,75 \text{ ohm}$$

3 – Que tensão foi aplicada a um aparelho elétrico de resistência igual a 5 ohms, se ele foi percorrido por uma corrente de 4 ampères?

SOLUÇÃO:

$$R = 5 \text{ ohms}$$
$$I = 4 \text{ ampères}$$
$$E = I R = 4 \times 5 = 20 \text{ V}$$

Condutância (G)

Condutância é o inverso da resistência; refere-se, portanto, à facilidade encontrada pelos elétrons ao se deslocarem em um corpo qualquer. A unidade de condutância é o SIEMENS (S).

De acordo com a definição de condutância,

$$G = \frac{1}{R} \text{ ou } G = \frac{I}{E}$$

G = em SIEMENS (S)

I = em AMPÈRES (A)

E = em VOLTS (V)

R = em OHMS (Ω)

EXEMPLOS:

1 – Que condutância apresenta o filamento de uma válvula, cuja resistência é de 20 ohms?

SOLUÇÃO:

$$G = \frac{1}{R} = \frac{1}{20} = 0,05 \text{ S}$$

2 – Qual a condutância de um aparelho elétrico que, ao ser ligado a uma fonte de 20 V, permite a passagem de uma corrente de 4 A?

SOLUÇÃO:

$$G = \frac{I}{E} = \frac{4}{20} = 0,2 \text{ S}$$

É útil observar que a resistência elétrica de um corpo exprime a tensão necessária para produzir uma corrente de 1 AMPÈRE no mesmo (OHM = VOLT/AMPÈRE). Assim, um corpo com uma resistência de 5 ohms exige que lhe seja aplicada uma tensão de 5 volts para ser percorrido por uma corrente de 1 ampère; da mesma forma exigiria uma tensão de 30 volts, se a corrente desejada fosse de 6 ampères.

A condutância de um corpo, porém, exprime a intensidade da corrente que se pode produzir num corpo, para cada volt de tensão aplicada ao mesmo (SIEMENS = AMPÈRE/VOLT). Se a condutância de um corpo é de 2 SIEMENS, isto significa que será produzida uma corrente de 2 ampères sempre que for aplicada ao mesmo uma tensão de 1 volt.

Sentido da Corrente Elétrica

No início deste capítulo, chamamos de corrente elétrica ao movimento dos elétrons e, portanto, consideraremos sempre o sentido do fluxo de elétrons como sendo o sentido da corrente elétrica.

Entretanto, este é um assunto que, em virtude de uma simples questão de denominação, traz dificuldades ao estudante, apesar de nada ter de difícil ou complexo. Isto porque, antes de adquirir os conhecimentos atuais sobre a constituição da matéria, o homem já fazia uso da eletricidade e dizia que "algo" percorria os condutores, tendo chamado este fenômeno de corrente elétrica e arbitrado um sentido para a mesma. Com o conhecimento dos elétrons, verificou que eram eles que se movimentavam nos condutores e produziam os efeitos atribuídos àquele "algo". Havia, porém, um imprevisto: o sentido do movimento dos elétrons não era o mesmo que havia sido convencionado para a chamada corrente elétrica!

Teria sido muito simples (em nossa opinião) mudar o sentido da corrente até então adotado, e considerar a corrente elétrica e o fluxo de elétrons como uma única coisa. Contudo, dois grupos se constituíram: um deles de acordo com o ponto de vista que abraçamos e o outro considerando corrente elétrica e fluxo de elétrons duas coisas distintas e de sentidos opostos.

Quando o sentido da corrente elétrica é considerado igual ao dos elétrons, fala-se em SENTIDO ELETRÔNICO; quando se admite que o sentido da corrente é oposto ao do movimento dos elétrons, fala-se em SENTIDO CONVENCIONAL ou CLÁSSICO.

Mas, em que consiste essa corrente de sentido oposto ao do fluxo de elétrons?

Na realidade, nada está se movimentando no condutor ao contrário dos elétrons; o sentido convencional, hoje em dia, exprime apenas o sentido que teria uma corrente elétrica, se fosse constituída por cargas positivas em movimento no condutor.

Os terminais de certos geradores de eletricidade recebem os sinais (-) e (+) para que se saiba de onde saem os elétrons (-) e para onde se dirigem (+), conforme convenção a que nos referimos na seção deste capítulo que tratou de diferença de potencial e de resistência elétrica.

De acordo com o que foi exposto indica-se a corrente elétrica saindo do negativo para o positivo do gerador, quando se trabalha com o SENTIDO ELETRÔNICO; se o sentido utilizado é o CONVENCIONAL, a corrente é indicada saindo do terminal positivo para o terminal negativo do gerador.

Convém ressaltar, porém, que tudo é apenas uma questão de denominação, porque não há divergência entre os dois grupos no que se refere ao sentido do movimento dos elétrons.

A Fig. III-2 resume todas as nossas observações.

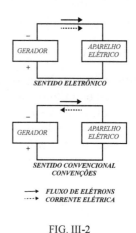

FIG. III-2

Tipos de Correntes Elétricas

Há dois tipos gerais de correntes elétricas: correntes contínua (C.C.) e corrente alternada (C.A.).

Sabemos que uma corrente elétrica num condutor sólido é um fluxo de elétrons. Quando ligamos um aparelho elétrico a uma fonte de eletricidade, e os elétrons que percorrem o aparelho SAEM SEMPRE DO MESMO TERMINAL do gerador, dizemos que a CORRENTE É CONTÍNUA, isto é, tem sempre o mesmo sentido; neste caso, a fonte é um GERADOR DE CORRENTE CONTÍNUA.

O gerador de C.A. é aquele de onde os elétrons saem, ora de um terminal ora do outro. Conseqüentemente, os elétrons ficam num vaivém no circuito; durante algum tempo, um dos terminais é negativo em relação ao outro e, logo a seguir, as coisas se invertem. Esta mudança de sentido é normalmente periódica, variando, de acordo com o gerador, o número de vezes por segundo em que há mudança no sentido da corrente.

A C.A. é, por natureza, de intensidade variável. A C.C. pode ter ou não um valor constante.

Como exemplos mais comuns de fontes de C.C. podemos citar as pilhas. Os geradores existentes nas grandes usinas (Paulo Afonso, etc.) são fontes de C.A.

Múltiplos e Submúltiplos Usuais

A seguir relacionamos os múltiplos e submúltiplos, geralmente usados, das unidades já estudadas:

Quantidade de Eletricidade (Q)

Quilocoulomb (kC)	= 1.000 C
Coulomb (C)	= 1 C
Milicoulomb (mC)	= 0,001 C
Microcoulomb (µC)	= 0,000.001 C

Intensidade de Corrente (I)

Quiloampère (kA)	= 1.000 A
Ampère (A)	= 1 A
Miliampère (mA)	= 0,001 A
Microampère (mA)	= 0,000.001 A

Tensão (E)

Megavolt (MV)	= 1.000.000 V
Quilovolt (kV)	= 1.000 V
Volt (V)	= 1 V
Milivolt (mV)	= 0,001 V
Microvolt (µV)	= 0,000.001 V

Resistência (R)

Megohm (MΩ)	= 1.000.000 Ω
Quilohm (kΩ)	= 1.000 Ω
Ohm (Ω)	= 1 Ω
Miliohm (mΩ)	= 0.001 Ω
Microhm (µΩ)	= 0.000.001 Ω

Condutância (G)

Siemens (S)	= 1 S
Milissiemens (mS)	= 0,001 S
Microssiemens (µS)	= 0,000.001 S

PROBLEMAS

QUANTIDADE DE ELETRICIDADE. LEI DE OHM. CONDUTÂNCIA

1 – Determinar o número de elétrons que percorrem o filamento de uma lâmpada, em 10 segundos, sabendo que um amperímetro acusou uma corrente de 2 ampères.

R.: $125,6 \times 10^{18}$ elétrons

2 – Qual o tempo necessário para que o filamento de uma válvula seja percorrido por uma carga de 0,003 C, se a corrente que ele solicita é de 0,03 A?

R.: 0,1 s

3 – Um ferro elétrico esteve ligado durante meia hora, e um medidor colocado no circuito acusou uma corrente de 5 A. Qual a carga que passou pelo ferro?

R.: 9.000 C

4 – Se a quantidade de eletricidade que percorreu um circuito foi de 2 C, no tempo de 10 segundos, qual era a intensidade da corrente no mesmo?

R.: 0,2 A

5 – Uma bateria de acumuladores com uma "capacidade" de 30 Ah, que corrente máxima pode fornecer durante 5 horas?

R.: 6 A

6 – Um resistor de 30 ohms foi ligado a uma fonte de 150 V. Qual a quantidade de eletricidade que o percorreu em 3 horas?

R.: 54.000 C

7 – Uma lâmpada ligada a uma fonte de 110 V solicita uma corrente de 500 miliampères. Qual a resistência do seu filamento?

R.: 220 ohms

8 – Num circuito, um amperímetro indica uma corrente de 10 A. O aparelho que está ligado tem uma resistência de 300 ohms. Qual a tensão do gerador?

R.: 3.000 V

9 – O fabricante de uma válvula de rádio diz que seu filamento deve ser percorrido por uma corrente de 30 mA, para que funcione normalmente. Qual a tensão que lhe deve ser aplicada, sabendo-se que sua resistência é de 200 ohms? Determinar, também, a quantidade de eletricidade que passa pelo filamento em 3 horas.

R.: 6 V; 324 C

10 – Uma lâmpada tem indicada no seu bulbo uma tensão de 120 V. Qual a corrente que ela solicita quando é ligada a uma fonte de 112,5 volts? A resistência do seu filamento é de 200 ohms.

R.: 0,562.5 A

11 – Através de um resistor de 10 ohms passa uma quantidade de eletricidade de 1 Ah no tempo de 360 segundos. Calcular a tensão aplicada.

R.: 100 V

12 – Uma lâmpada ligada a um gerador solicita uma corrente de 0,5 A. Sabendo que esteve ligada durante 10 horas e que seu filamento tem uma resistência de 250 ohms, calcular:
a) a tensão que lhe foi aplicada;
b) a quantidade de eletricidade que passou pelo seu filamento;
c) a condutância do filamento.

R.: 125 V; 18.000 C; 0,004 S

13 – Que valor deverá ter um resistor, para solicitar uma corrente de 0,5 A, ao ser ligado a uma fonte de 30 V? Dizer também qual será sua condutância e que quantidade de eletricidade irá percorrê-lo em meia hora.

R.: 60 ohms; 0,016 S; 900 C

14 – Por um resistor não deverá passar uma quantidade de eletricidade superior a 2,4 C, em 120 segundos, quando ele for submetido a uma diferença de potencial de 30 V. Qual o valor do resistor a ser usado? Qual a sua condutância? Qual a intensidade da corrente que irá percorrê-lo?

R.: 1.500 ohms; 0,000.6 S; 0,02 A

15 – Uma torradeira elétrica é projetada para solicitar 6 A, quando é aplicada uma tensão de 110 V aos seus terminais. Qual é o valor da corrente na torradeira, quando lhe são aplicados 120 V? Determinar também a condutância do elemento aquecedor da torradeira e a quantidade de eletricidade que o percorreu (com os 120 V) em dois minutos.

R.: 6,5 A; 0,05 S; 780 C

CAPÍTULO IV

TRABALHO ELÉTRICO. ENERGIA ELÉTRICA. POTÊNCIA ELÉTRICA. LEI DE JOULE

Trabalho Elétrico

Sabemos que está sendo realizado um trabalho, toda vez que um corpo se movimenta.

Quando unimos com um condutor dois pontos entre os quais existe uma d. d. p., e nele se estabelece uma corrente elétrica, que é constituída por elétrons em movimento, estamos evidentemente realizando um trabalho que, pela sua natureza, é denominado TRABALHO ELÉTRICO.

O trabalho elétrico produzido depende da carga elétrica conduzida; quanto maior o número de coulombs que percorrem o condutor, em conseqüência de uma determinada d. d. p. aplicada aos seus extremos, maior o trabalho realizado. Também é fácil concluir que, quanto maior a tensão aplicada aos extremos do mesmo condutor, maior a intensidade da corrente e, portanto, maior o trabalho elétrico.

Uma grandeza que depende diretamente de duas outras depende também do produto delas, o que nos permite escrever que

$$W = E \, Q$$

W = trabalho elétrico
E = tensão
Q = carga elétrica

O trabalho realizado para transportar UM COULOMB de um ponto a outro, entre os quais existe uma d. d. p. de UM VOLT, é o que chamamos de UM JOULE (J):

1 JOULE = 1 VOLT x 1 COULOMB

$$W \quad = \quad E \quad \quad Q$$

São os seguintes os múltiplos e submúltiplos usuais do joule:

MEGAJOULE (MJ)	= 1.000.000 J
QUILOJOULE (kJ)	= 1.000 J
JOULE (J)	= 1 J
MILIJOULE (mJ)	= 0,001 J
MICROJOULE (μJ)	= 0,000.001 J

Da equação vista acima, podemos tirar outras fórmulas úteis no cálculo do trabalho elétrico.

Vimos que

$$Q = I \, t$$

Portanto,

$$W = E \, It$$

W = em JOULES (J)
E = em VOLTS (V)
I = em AMPÈRES (A)
t = em SEGUNDOS (s)

Quando estudamos a Lei de Ohm, aprendemos que

$$I = \frac{E}{R} \text{ e } E = IR$$

Assim,

$$W = EIt = E \cdot \frac{E}{R} \cdot t$$

$$W = \frac{E^2 t}{R}$$

e também

$$W = E\,I\,t = I\,R\,I\,t$$

$$W = I^2\,R\,t$$

Qualquer das equações estudadas permite a determinação de um trabalho elétrico, desde que sejam conhecidos os dados necessários à sua utilização.

Energia Elétrica

Energia é a capacidade de produzir trabalho. Quando dizemos que uma pilha elétrica tem energia, isto significa que ela é capaz de produzir um trabalho elétrico num condutor ligado aos seus terminais. Se a pilha, depois de algum tempo de uso, não pode produzir uma corrente no condutor, dizemos que ela não tem mais energia, ou seja, não é mais capaz de realizar trabalho.

Ora, se o corpo tem energia enquanto pode realizar trabalho, é evidente que o máximo de trabalho que ele poderá efetuar corresponde ao máximo de energia que possui, isto é, o trabalho que é realizado sempre corresponde a uma certa quantidade de energia gasta. Convém não esquecer, porém, que energia é algo que, pela sua natureza,

pode ser comparado à inteligência de uma pessoa, o que nada tem de material, mas que não vacilamos em dizer que a pessoa tem em maior ou menor escala, sempre que esse indivíduo é capaz de executar determinadas tarefas. A inteligência de uma pessoa é, então, a capacidade que ela apresenta de realizar determinadas tarefas, e não algo material que a pessoa conduz ou possui em seu corpo!

Em face do exposto, designamos a energia gasta com as mesmas unidades de trabalho e utilizamos as mesmas equações para calcular o trabalho realizado e a energia consumida.

Queda de Tensão

A expressão em apreço é usada para designar a diferença de potencial entre dois pontos quaisquer num circuito, principalmente entre os extremos de um elemento do mesmo, tal como um resistor (peça construída com o objetivo de oferecer uma determinada resistência à passagem de uma corrente elétrica); chamamos a atenção para a confusão normalmente causada pela palavra QUEDA, utilizada neste caso para exprimir CONSUMO DE ENERGIA.

A tensão que se mede entre os terminais de um elemento constituinte de um circuito elétrico REPRESENTA A ENERGIA GASTA PARA TRANSPORTAR A UNIDADE DE CARGA ELÉTRICA DE UM PARA O OUTRO TERMINAL.

Se medimos 120 VOLTS entre os terminais de uma lâmpada, devemos concluir que estão sendo gastos 120 JOULES de energia (ou está sendo realizado um trabalho de 120 JOULES) toda vez que 1 COULOMB percorre o filamento da lâmpada.

Potência Elétrica

Potência é a rapidez com que se gasta energia, ou a rapidez com que se produz trabalho. Podemos dizer também que é a energia gasta na unidade de tempo. Sob a forma de equação, a potência é igual a

$$P = \frac{W}{t}$$

W = energia em JOULES (J)

t = tempo em SEGUNDOS (s)

P = potência em JOULES/SEGUNDO (J/s)

O joule/segundo é conhecido também como WATT (W) e é a potência quando está sendo realizado um trabalho de 1 JOULE EM CADA SEGUNDO. Assim, se uma determinada máquina fizesse um trabalho de 30 JOULES em 10 SEGUNDOS, teria gasto energia na razão de 3 JOULES POR SEGUNDO, e, portanto, a potência seria de 3 WATTS.

A potência elétrica é, evidentemente, calculada do mesmo modo e medida na mesma unidade.

Antes de prosseguirmos com o cálculo da potência, consideremos o uso da palavra potência em alguns casos diferentes.

Tomemos inicialmente o caso de um gerador de eletricidade. A potência elétrica de um gerador é a energia que ele pode fornecer na unidade de tempo, ou o trabalho elétrico que ele pode realizar na unidade de tempo.

Já a potência de uma lâmpada, valor que estamos habituados a ler no bulbo da mesma (por exemplo, 100 W), significa a energia elétrica que é gasta na lâmpada em cada unidade de tempo.

A lâmpada não fornece energia elétrica como o gerador, e sim atua como um consumidor de energia elétrica. É verdade que podemos fazer referência à energia luminosa oferecida pela lâmpada, mas no momento interessa-nos, apenas, a energia elétrica que está sendo consumida.

Outro caso importante é o da potência indicada num resistor. Os resistores são designados pelos seus valores em ohms e também em termos de watts. Num resistor, a energia elétrica é transformada em calor (energia térmica), e isto acontece numa determinada rapidez. Calor é energia e, como tal, é dado também em joules.

Um resistor é calculado para funcionar numa determinada temperatura e, para que não seja ultrapassada essa especificação, deve ser capaz de se libertar (de dissipar) do calor com a mesma rapidez com que ele é produzido, e para isso concorrem sua forma e dimensões.

A escolha adequada de um resistor implica em saber qual a quantidade de calor de que ele pode se libertar na unidade de tempo, para que ele não seja utilizado de modo incorreto, o que pode resultar na destruição da peça.

Em conclusão, um resistor de 20 W, por exemplo, pode ser usado em qualquer circuito, desde que a quantidade de calor produzida no mesmo (resultante da transformação de uma quantidade igual de energia elétrica) não seja superior a 20 joules em cada segundo, pois assim sua temperatura poderá permanecer constante e dentro do limite de segurança previsto pelo fabricante. Convém não esquecer, porém, a influência que poderá ser exercida por outros fatores, tais como a ventilação, etc.

Voltando ao cálculo da potência,

$$P = \frac{W}{t}$$

temos que
Como

$$W = E\,I\,t = I^2\,R\,t = \frac{E^2 t}{R}$$

a potência elétrica pode ser determinada também com as seguintes expressões:

$$P = E\,I \quad P = I^2 R \quad P = \frac{E^2}{R}$$

P = em WATTS (W)
E = em VOLTS (V)
I = em AMPÈRES (A)
R = em OHMS (Ω)

São os seguintes os múltiplos e submúltiplos usuais do WATT:

MEGAWATT (MW) = 1.000.000 W
QUILOWATT (kW) = 1.000 W
MILIWATT (mW) = 0,001 W
MICROWATT (μW) = 0,000.001 W

EXEMPLOS:

1 – Qual o trabalho efetuado numa lâmpada em 3 horas, se a corrente que percorreu seu filamento era de 0,5 A? A d. d. p. entre os terminais da lâmpada era de 120 V. Determinar também a potência da lâmpada e a energia gasta no mesmo tempo.

SOLUÇÃO: Se a tensão na lâmpada era de 120 V, estava sendo realizado um trabalho de 120 J toda vez que um coulomb passava pelo filamento da lâmpada.

Ora, uma corrente de 0,5 A corresponde a uma carga de 0,5 C passando pelo filamento em cada segundo, e, assim, foi feito um trabalho de 60 J em cada segundo, o que representa um trabalho total (em 3 horas) de 60 x 10.800 = 648.000 J. Ou,

E = 120 V
I = 0,5 A
t = 3h = 10.800 s
W = E I t = 120 x 0,5 x 10.800
W = 648.000 J

A potência elétrica é o trabalho realizado por segundo, ou 60 W:

P = E I = 120 x 0,5 = 60 W

A energia é, como vimos, calculada do mesmo modo que o trabalho, dada nas mesmas unidades e designada com a mesma letra:

W = 648.000 J

2 – Um resistor de 100 ohms será submetido a uma d. d. p. de 500 V. Qual será a quantidade de calor produzida no mesmo por segundo? Sabendo que o resistor em apreço foi construído para uma dissipação de 30 W, dizer se o mesmo estará sendo utilizado de modo acertado.

SOLUÇÃO: No resistor em apreço a potência, isto é, a rapidez com que estará sendo transformada a energia elétrica, será de

$$P = \frac{E^2}{R} = \frac{500^2}{100} = 2.500\ \text{W}$$

Isto quer dizer também que estarão sendo produzidos, por segundo, 2.500 joules de calor. Como o resistor foi construído para dissipar apenas 30 joules de calor por segundo, não suportará o excesso de calor resultante da ligação e se inutilizará.

Fundamentos de Eletrotécnica

3 – Com que rapidez estará sendo feito trabalho elétrico num resistor de 10 ohms, percorrido por uma corrente elétrica de 5 A? Qual a energia gasta no mesmo em 2 horas?

SOLUÇÃO:

$P = I^2 R = 5^2 \times 10 = 250$ W
$W = P t = 250 \times 7.200 = 1.800.000$ J

Outras Unidades de Energia, Trabalho e Potência Elétricos

Além das unidades apresentadas nos parágrafos anteriores, são muito utilizadas na prática, pela maior conveniência em certos casos, as seguintes:

Trabalho e Energia

WATT-HORA (Wh) = 3.600 WATTS--SEGUNDOS = 3.600 JOULES

QUILOWATT-HORA (kWh) = 1.000 Wh = 3.600.000 JOULES

Potência

HORSEPOWER (H.P.) = 746 Watts
CAVALO-VAPOR (cv) = 736 Watts

Rendimento ou Eficiência (η)

Sempre que um dispositivo qualquer é usado na transferência de energia, com ou sem transformação de um tipo em outro, como os geradores de eletricidade, os motores elétricos, os transformadores, etc., uma parte da referida energia é consumida para fazer funcionar o próprio aparelho, constituindo o que chamamos de PERDA DE ENERGIA.

Assim, a energia entregue pelo aparelho é sempre menor que a energia que ele recebe e que, em condições ideais, deveria entregar totalmente. Um dínamo, por exemplo, recebe energia mecânica e entrega energia elétrica; esta última representa apenas uma parte da primeira. O mesmo acontece num motor elétrico, que recebe energia elétrica e entrega energia mecânica, esta última inferior numericamente à primeira.

A RELAÇÃO ENTRE A ENERGIA QUE O APARELHO ENTREGA (ENERGIA DE SAÍDA) E A ENERGIA QUE ELE RECEBE (ENERGIA DE ENTRADA) É O SEU RENDIMENTO (OU EFICIÊNCIA)

$$\eta = \frac{W_s}{W_e}$$

W_s = energia de saída
W_e = energia de entrada
η = rendimento

Como vimos, há sempre perdas, e portanto o rendimento será sempre menor que 1: só o aparelho IDEAL (sem perdas) apresentaria rendimento unitário. O rendimento é expresso em número decimal ou em percentagem.

Podemos obter também o rendimento, trabalhando com potências:

$$\eta = \frac{P_s}{P_e}$$

P_s = potência de saída
P_e = potência de entrada

EXEMPLO:

Um gerador de eletricidade exige uma potência mecânica de 5 H.P. (3.730 W) para seu funcionamento e pode fornecer energia elétrica até 3.200 W. Qual a sua eficiência?

SOLUÇÃO:

$$\eta = \frac{P_s}{P_e} = \frac{3.200}{3.730} = 0,8 \text{ ou } 80\%$$

Lei de Joule

A Lei de Joule refere-se ao calor produzido por uma corrente elétrica num condutor, e seu enunciado é o seguinte:

"A QUANTIDADE DE CALOR PRODUZIDA NUM CONDUTOR POR UMA CORRENTE ELÉTRICA É DIRETAMENTE PROPORCIONAL

a) AO QUADRADO DA INTENSIDADE DA CORRENTE ELÉTRICA;

b) À RESISTÊNCIA ELÉTRICA DO CONDUTOR;

c) AO TEMPO DURANTE O QUAL OS ELÉTRONS PERCORREM O CONDUTOR.

Sob a forma de equação:

$$Q_c = I^2 R t$$

Q_c = quantidade de calor em JOULES (J)

I = intensidade da corrente em AMPÈRES (A)

R = resistência do condutor em OHMS (Ω)

t = tempo em SEGUNDOS (s)

Evidentemente, QUALQUER UMA DAS EXPRESSÕES QUE VIMOS PARA CÁLCULO DA ENERGIA ELÉTRICA SERVE PARA DETERMINAR A QUANTIDADE DE CALOR PRODUZIDA POR UMA CORRENTE ELÉTRICA.

É comum determinar a quantidade de calor em CALORIAS (cal), o que implica em escrever a equação na forma abaixo:

$$Q_c = 0,24 \, I^2 R t$$

0,24 = fator para transformação de joules em calorias.

O calor produzido por uma corrente elétrica tem aplicações diversas (aquecimento de água, fusão de materiais, emissão de elétrons numa válvula de rádio, etc.)

A título de exercício, relacionemos a Lei de Joule com a equação abaixo, que nos permite determinar a quantidade de calor absorvida ou libertada por um corpo, quando sua temperatura é variada:

$$Q_c = m \, c \, \theta$$

Q_c = quantidade de calor, em CALORIAS (cal)

m = massa do corpo em GRAMAS (g)

c = calor específico do material que constitui o corpo (dado em tabelas)

θ = variação de temperatura em graus da escala de Celsius.

Com esta equação podemos, por exemplo, calcular a quantidade de calor necessária para fazer variar a temperatura de uma certa quantidade de água e, com o resultado obtido (Q_c), podemos determinar o tempo necessário para que uma dada corrente elétrica, percorrendo um aquecedor elétrico, produza a variação desejada.

EXEMPLO:

Qual o tempo necessário para que uma corrente de 2 A, em um elemento

Fundamentos de Eletrotécnica 19

aquecedor de 30 ohms de resistência, faça variar de 80°C a temperatura de 2.000 g de água?

SOLUÇÃO:

$m = 2.000$ g $c = 1$ (no caso da água) $\theta = 80°C$
$Q_c = m \ c \ \theta = 2.000 \times 80 = 160.000$ cal
$I = 2$ A $R = 30$ ohms
   $Q_c = 160.000$ cal

$$t = \frac{Q_c}{0,24 \times 2^2 \times 30} = 5.555 \text{ s}$$

PROBLEMAS

TRABALHO ELÉTRICO. ENERGIA ELÉTRICA. POTÊNCIA ELÉTRICA. RENDIMENTO. LEI DE JOULE

1 – Um condutor ligado a uma fonte de 50 V é percorrido por uma corrente de 2 A. Calcular: a) a quantidade de eletricidade que o percorre em 3 horas; b) a energia consumida no mesmo tempo e c) a sua condutância.

R.: 21.600 C; 1.080.000 J; 0,04 S

2 – Um fogão elétrico solicita 6 A, quando é ligado a uma fonte de 120 V. Qual a despesa com o seu funcionamento durante 5 horas, se a companhia cobra R$ 0,20 por kWh?

R.: R$ 7,20

3 – O fio usado em um aquecedor elétrico tem uma resistência de 57 ohms. Calcular: a) a energia que consome em 3 horas, sabendo que solicita uma corrente de 2 A; b) a tensão da fonte a que está ligado e c) a condutância do fio.

R.: 2.462.400 J; 114 V; 0,017 S

4 – Que tensão deve ser aplicada a um aquecedor de 600 W, para que solicite uma corrente de 12 A? Determinar também sua resistência e a energia que consome em 3 horas.

R.: 50 V; 4,1 ohms; 6.480.000 J

5 – A potência requerida para fazer funcionar um rádio é de 90 W. Se o conjunto for utilizado 2 horas por dia, durante 30 dias, qual será o custo de operação, na base de R$ 0,20 por kWh?

R.: R$ 1,08

6 – Um gerador de corrente contínua, com uma potência de 500 W, está fornecendo uma corrente de 10 A ao circuito externo. Determinar: a) a energia consumida no circuito externo, em meia hora; b) a tensão do gerador; c) a resistência do circuito externo. Desprezar a resistência interna do gerador.

R.: 900.000 J; 50 V; 5 ohms

7 – A corrente solicitada por um motor de corrente contínua é 75 A. A tensão nos terminais do motor é 230 V. Qual é a potência de entrada do motor em kW?

R.: 17,25 kW

8 – Um gerador de corrente contínua apresenta os seguintes dados entre suas características: 150 kW e 275 V. Qual é sua corrente nominal?

R.: 545,4 A

9 – Um dispositivo elétrico que trabalha com 250 V tem 8 ohms de resistência. Qual é a sua potência nominal?

R.: 7.812,5 W

10 – Qual deve ser a dissipação mínima de um resistor de 20.000 ohms, para que possa ser ligado a uma fonte de 500 V?

R.: 12,5 W

11 – Num resistor lê-se o seguinte:

"10 ohms – 5 watts". Pode ser ligado a uma fonte de 20 V? Justifique a resposta.

R.: NÃO, porque seria produzida uma quantidade de calor por segundo maior do que a que ele pode dissipar.

12 – Qual é a corrente na antena, quando um transmissor está entregando à mesma uma potência de 1 kW? A resistência da antena é de 20 ohms.

R.: 7 A

13 – Qual a corrente máxima que pode passar por um resistor que apresenta as seguintes características: "5.000 ohms – 200 watts"?

R.: 0,2 A

14 – Numa lâmpada estão gravados os seguintes dizeres: 60 W – 120 V. Determinar a resistência (a quente) do filamento da lâmpada, a intensidade da corrente que a percorre e a energia gasta na lâmpada em duas horas.

R.: 240 ohms; 0,5 A; 432.000 J

15 – Um aparelho elétrico solicita 5 A de uma fonte de 100 V. Calcular:

a) sua resistência;
b) a potência do aparelho;
c) a energia, em joules e em kWh, consumida pelo aparelho depois de 3 horas de funcionamento;
d) o trabalho elétrico realizado no aparelho após 2 horas de funcio-namento contínuo.

R.: 20 ohms; 500 W; 5.400.000 J; 1,5 kWh; 1 kWh

16 – Qual é a corrente máxima que se pode obter de um gerador de C.C. de 50 V, acionado a motor, quando este está desenvolvendo uma potência de 5 H. P., se o gerador tem uma eficiência de 85%?

R.: 63,4 A

17 – Um motor de corrente contínua foi projetado para solicitar 30,4 ampères de uma fonte de 230 V. Sabendo que sua eficiência é de 80%, determinar sua potência de saída.

R.: 5.593,6 W

18 – Um motor de corrente contínua ligado a uma rede de 120 V fornece a potência de 5 H. P. e seu rendimento é de 85%. Determinar: a) a intensidade da corrente de alimentação; b) as energias absorvida e fornecida pelo motor em 8 horas de funcionamento.

R.: 36,5 A; 35.105,6 Wh; 29.840 Wh

19 – Determinar a quantidade de calor necessária para aumentar de 50° C a temperatura de 3,5 kg de água.

R.: 175.000 cal

20 – Uma lâmpada acesa é completamente mergulhada em um vaso contendo 6.000 g de água, e, após 5 minutos, a temperatura da água aumenta de 3° C. Qual a potência na lâmpada?

R.: 250 W

21 – Que resistência deve ter um resistor destinado a libertar 72 calorias por segundo, ao ser ligado a uma fonte de 100 V?

R.: 33,3 ohms

22 – Qual é a resistência de uma bobina, se a diferença de potencial entre seus terminais é de 40 V e o calor

que desenvolve por segundo é de 800 calorias?

R.: 0,4 ohm

23 – Um resistor de 12 ohms é ligado a uma fonte de 120 volts e introduzido em um bloco de gelo de 1 kg a 0°. Se o resistor permanecer ligado durante 2 minutos, calcular a massa de gelo que não se fundirá. Sabe-se que para fundir 1 g de gelo a 0° C são necessárias 80 calorias.

R.: 568 g

24 – Se uma chaleira elétrica solicita 3,8 A, quando é ligada a uma fonte de 230 volts, determinar o tempo necessário para que 1,7 kg de água atinjam o ponto de ebulição, admitindo que a temperatura inicial da água era de 12° C, e que a eficiência da chaleira é de 70%.

R.: 1.018 s

25 – Um aquecedor elétrico deve ser usado para aquecer 5 litros de água. O dispositivo solicita 2 ampères quando é submetido a uma fonte de 110 V. Desprezando o calor dissipado pelo tanque, determinar o tempo necessário para elevar a temperatura da água de 15° para 80° C.

R.: 6.155 s

CAPÍTULO V

CIRCUITOS DE C. C. EM SÉRIE, EM PARALELO E MISTOS. PONTE DE WHEATSTONE

Resistores

Todos os corpos apresentam resistência elétrica, ou seja, oferecem oposição à passagem de uma corrente elétrica.

A resistência de um corpo é determinada pelas suas dimensões e pelo material que o constitui, e pode variar conforme a sua temperatura.

Se medirmos a resistência de vários corpos condutores, todos com a mesma seção transversal, feitos do mesmo material e na mesma temperatura, verificaremos que apresentará maior resistência aquele que tiver o maior comprimento, o que nos permite concluir que A RESISTÊNCIA ELÉTRICA É DIRETAMENTE PROPORCIONAL AO COMPRIMENTO DO CORPO.

Do mesmo modo, se tomarmos vários condutores de comprimentos iguais, todos feitos com o mesmo material e na mesma temperatura, observaremos que apresentará maior resistência o que tiver menor seção transversal, e poderemos concluir que A RESISTÊNCIA ELÉTRICA É INVERSAMENTE PROPORCIONAL À SEÇÃO TRANSVERSAL DO CORPO.

Por último, poderíamos medir a resistência de vários condutores, todos com o mesmo comprimento, a mesma seção transversal e na mesma temperatura, porém feitos de materiais diferentes. Verificaríamos que, apesar de serem iguais os fatores já considerados, haveria diferenças nas medições efetuadas. Isto faz-nos concluir que O MATERIAL QUE CONSTITUI O CORPO, isto é, a sua estrutura INFLUI NA RESISTÊNCIA QUE OFERECE.

Para podermos avaliar a influência que os materiais de que são constituídos os corpos exercem sobre as suas resistências elétricas, tomamos amostras dos mesmos com dimensões (comprimento e seção transversal) escolhidas, todas na mesma temperatura, e medimos suas resistências. Os valores encontrados são resistências correspondentes a comprimentos e seções conhecidas e como sabemos que a resistência é diretamente proporcional ao comprimento e inversamente proporcional à seção transversal será fácil determinar a resistência de um corpo feito de um determinado material e com seção transversal e comprimento conhecidos.

Os valores a que nos referimos no item anterior são organizados em tabelas, nas quais são esclarecidas as unidades de comprimento e seção utilizadas. Esses valores são conhecidos como RESISTÊNCIAS ESPECÍFICAS ou RESISTIVIDADES dos materiais a que se referem.

Não é difícil concluir que a resistência de um corpo é diretamente proporcional à sua resistividade, que designamos com a letra grega ρ (rhô).

Do exposto nos parágrafos anteriores, podemos escrever que

$$R_t = \frac{\rho_t l}{S}$$

R_t = resistência do corpo numa determinada temperatura "t".
l = comprimento do corpo
S = área da seção transversal do corpo
ρ_t = resistividade do material de que é feito o corpo, na mesma temperatura "t" em que se deseja determinar a resistência.

Deduz-se que

$$\rho_t = \frac{R_t \, S}{l}$$

A resistividade pode ser dada em várias unidades, conforme as unidades escolhidas para "R", "S" e "l", o que pode ser observado na tabela abaixo:

Resistência	ohm	ohm	ohm	ohm
Seção	mm^2	m^2	cm^2	CM
Comprimento	m	m	cm	pé
Resistividade	$ohm.mm^2/m$	$ohm.m^2/m$ ou $ohm.m$	$ohm.cm^2/cm$ ou $ohm.cm$	$ohm.CM/pé$

NOTA: CM é a abreviatura de CIRCULAR MIL, uma unidade inglesa de área circular. É definida como a área de um círculo com um diâmetro igual a um MILÉSIMO DE POLEGADA (um MIL). Corresponde a 1/1973 do milímetro quadrado.

De acordo com o que já foi estudado, é perfeitamente possível fazer um corpo com um determinada resistência, com o fim específico de, por exemplo, limitar a corrente numa determinada ligação ou produzir uma certa queda de tensão. Esses elementos, encontrados em praticamente todos os aparelhos elétricos e eletrônicos, são os RESISTORES, que são fabricados em formas e valores diversos, bem como para dissipações variadas (ver o capítulo anterior).

Como é óbvio, não é possível fabricar essas peças em todos os valores que possam ser desejados pelos que projetam equipamentos elétricos ou eletrônicos, de modo que é necessário combiná-los para obter os valores que são requeridos.

Associação de Resistores

Essa combinação ou associação de resistores pode ser efetuada de três modos:

– em SÉRIE

– em PARALELO

– MISTA

A associação em série resulta num aumento de resistência, pois as resistências dos diversos resistores se somam:

$$R_t = R_1 + R_2 + R_3 + ...$$

R_t = resistência total ou equivalente
R_1, R_2, R_3, etc. = resistências dos diversos resistores.

Obs.: Se todos os resistores tiverem o mesmo valor, bastará multiplicar esse valor pelo número de peças usadas, para obter R_t.

Para ligar resistores em série é necessário unir um dos terminais de um deles a um dos terminais do outro. A resistência total é a que existe entre os terminais livres.

Se fossem três ou mais resistores em série, ligaríamos todos eles de modo a constituírem um único caminho para qualquer coisa que tivesse de se deslocar de um extremo ao outro da ligação.

A resistência elétrica de um resistor ou de um corpo qualquer é simbolizada da seguinte maneira:

Uma ligação de resistores em série é representada esquematicamente como se segue:

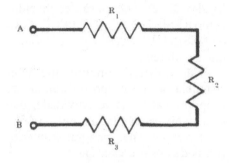

TRÊS RESISTORES EM SÉRIE

"A" E "B" = EXTREMOS DA LIGAÇÃO

FIG. V-2

Associar resistores em paralelo é ligá-los de tal modo que os extremos de cada um fiquem ligados diretamente aos extremos correspondentes dos outros, e os dois pontos que resultam das uniões são os extremos da ligação:

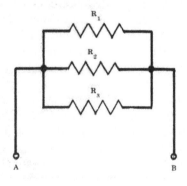

TRÊS REISTORES EM PARALELO

"A" E "B" = EXTREMOS DA LIGAÇÃO

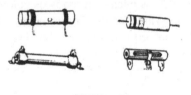

RESISTORES

SÍMBOLO DE RESISTÊNCIA

FIG. V-1

FIG. V-3

Fundamentos de Eletrotécnica

A resistência total neste caso é sempre menor do que o menor valor utilizado na ligação e é determinada do seguinte modo:

$$\frac{1}{R_t} = \frac{1}{R_1} + \frac{1}{R_2} + \frac{1}{R_3} + \ \ldots$$

Quando trabalhamos com apenas dois resistores, podemos usar a expressão abaixo, derivada da anterior:

$$R_t = \frac{R_1 R_2}{R_1 + R_2}$$

R_1 e R_2 = valores dos resistores

Quando todos os resistores têm valores iguais, basta dividir o valor de um deles pelo número de peças utilizadas na associação:

$$R_t = \frac{R}{n}$$

R = valor de um dos resistores iguais

n = quantidade de elementos usados na associação

Mas, como poderia ser explicada a diminuição de resistência resultante da associação em paralelo?

Tentaremos responder a esta pergunta. Se os terminais de um resistor fossem ligados aos terminais de um gerador, os elétrons que saíssem de um terminal do gerador para o outro DISPORIAM APENAS DE UM CAMINHO, com uma determinada resistência, e a intensidade da corrente seria limitada a um certo valor. Se em seguida ligássemos outro resistor do mesmo modo, outro caminho seria estabelecido, e por esse novo caminho passariam outros elétrons; o número total de elétrons que poderiam passar por segundo de um terminal para outro seria maior do que antes, pois seria a soma das intensidades nos dois caminhos. Ora, embora a ligação de outro resistor não modificasse a situação no primeiro resistor, PARA TODOS OS EFEITOS A DIFICULDADE TOTAL SERIA MENOR, porque o número total de elétrons que se deslocariam por segundo de um terminal para o outro aumentaria, embora a tensão entre os terminais do gerador não tivesse mudado (rever a Lei de Ohm).

A ligação de outros resistores aumentaria o número de caminhos e, em conseqüência, maior seria a intensidade total da corrente; como a tensão entre os dois pontos considerados seria sempre a mesma, concluiríamos que a dificuldade total oferecida pelo conjunto de resistores seria menor do que quando tínhamos apenas um resistor.

O que foi afirmado nos parágrafos anteriores se aplica também à associação de quaisquer outros elementos que apresentem resistência elétrica e que sejam associados nas formas estudadas.

A associação mista é simplesmente a combinação das formas anteriores, e apresenta simultaneamente as características mencionadas.

Condutividade (K)

Condutividade de um material é o inverso da sua resistividade e, portanto, refere-se à condutância de uma amostra do mesmo, com dimensões determinadas:

$$k = \frac{1}{\rho} = \frac{l}{RS}$$

Damos a seguir as unidades usuais de condutividade:

1/ohm. metro = siemens/metro
1/ohm. centímetro
m/ohm. mm^2
pé/ohm. CM

Condutividade Percentual (K%)

Um tipo de cobre que apresenta uma resistência de 0,153 28 ohm por grama de peso e por metro de comprimento, na temperatura de 20° C, é considerado como o PADRÃO INTERNACIONAL DO COBRE.

A condutividade de qualquer tipo comercial de cobre é, então, comparada à do cobre padrão, e expressa em termos de percentagem. A condutividade dos tipos de cobre normalmente usados em Eletrotécnica é menor do que a do padrão. Também é comum exprimir a condutividade de qualquer outro material condutor em relação ao cobre padrão.

Circuitos de C. C.

Para que tenhamos um circuito basta que liguemos um dispositivo elétrico qualquer a um gerador (ou qualquer coisa que nos proporcione uma diferença de potencial). O dispositivo que recebe a energia elétrica fornecida pelo gerador é chamado CARGA ou CONSUMIDOR. A ligação da carga ao gerador é feita quase sempre por meio de fios de material condutor de eletricidade.

Vários aparelhos ou peças podem ser ligados ao mesmo gerador (à mesma fonte de eletricidade), constituindo circuitos mais complexos.

De acordo com o modo como estão ligados todos os elementos que atuam como consumidores de energia no circuito, este pode ser classificado em um dos três tipos abaixo:

– SÉRIE
– PARALELO
– MISTO

Características de circuitos em série

Num circuito em série, todos os elementos ligados à fonte estão em série, e os elétrons dispõem de um unico caminho unindo os terminais da fonte.

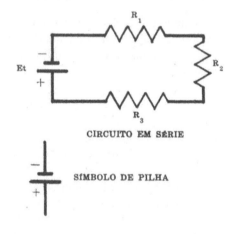

CIRCUITO EM SÉRIE

SÍMBOLO DE PILHA

FIG. V-4

Neste tipo de circuito, a dificuldade total oferecida à passagem dos elétrons é dada pela equação já estudada para a associação de resistores em série:

$R_t = R_1 + R_2 + R_3 + ...$

R_t = resistência total ou equivalente

R_1, R_2, R_3, etc. = resistências dos diversos elementos ligados à fonte.

A intensidade da corrente é a mesma em qualquer parte do circuito, isto é, em qualquer seção do circuito estará passando o mesmo número de elétrons por segundo.

Vejamos um fato com certa semelhança, para compreendermos este fenômeno. Se numa rua estivesse sendo realizada uma parada militar, e todos os soldados marchassem com a mesma cadência, várias pessoas colocadas em pontos diferentes da rua veriam passar o mesmo número de soldados na unidade de tempo. Assim acontece com os elétrons em movimento no circuito em série. É conveniente frisar que não são os mesmos elétrons que passam na unidade de tempo em todos os pontos do circuito, e que o importante é a quantidade de elétrons que passam na unidade de tempo em qualquer ponto do circuito, pois disto é que dependem os efeitos da corrente elétrica.

Do exposto,

$$I_t = I_1 = I_2 = I_3 = \ldots$$

I_t = corrente total, ou seja, número de elétrons que deixam por segundo o terminal negativo da fonte (ou que chegam por segundo ao terminal positivo da fonte).

I_1, I_2, I_3 etc. = designações dadas à corrente ao passar pelos elementos cujas resistências são, respectivamente, R_1, R_2, R_3, etc.

A diferença de potencial entre os terminais da fonte é igual à soma das diferenças de potencial entre os extremos de cada um dos elementos associados em série, e que constitui a carga do circuito:

$$E_t = E_1 + E_2 + E_3 + \ldots$$

E_t = d. d. p. entre os terminais do gerador (fonte), com o circuito em funcionamento; tensão aplicada aos elementos alimentados pela fonte.

E_1, E_2, E_3, etc. = d. d. p., entre os terminais, respectivamente, de R_1, R_2, R_3. etc.

Esta afirmação está de acordo com o que estudamos a respeito de tensão e queda de tensão; a energia gasta para transportar um coulomb de um terminal a outro do gerador (tensão total) deve ser igual à soma das energias gastas para fazer o mesmo coulomb atravessar todos os componentes do circuito (tensões parciais ou quedas de tensão).

Características de Circuitos em Paralelo

Num circuito em paralelo, todos os elementos ligados à fonte estão em paralelo e, assim, os elétrons dispõem de vários caminhos ligando os terminais da fonte.

A resistência total é calculada como foi estudado na associação de resistores em paralelo:

$$\frac{1}{R_t} = \frac{1}{R_1} + \frac{1}{R_2} + \frac{1}{R_3} + \ldots$$

R_t = resistência total dos diversos componentes associados em paralelo e ligados ao gerador (fonte).

R_1, R_2, R_3, etc. = resistência dos componentes.

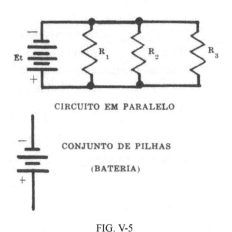

CIRCUITO EM PARALELO

CONJUNTO DE PILHAS
(BATERIA)

FIG. V-5

A intensidade total da corrente (número total de elétrons que abandonam o terminal negativo da fonte em cada segundo, ou que chegam ao terminal positivo em cada segundo) é a soma das intensidades medidas nos diversos braços (diversas derivações) do circuito:

$I_t = I_1 + I_2 + I_3 + ...$

A explicação dada para justificar a diminuição da resistência na associação de resistores em paralelo se aplica a esta equação.

Como neste tipo de circuito os terminais de cada componente devem ser ligados aos terminais da fonte, cada um deles está sendo submetido à diferença de potencial que existe entre os terminais da fonte.

Portanto,

$E_t = E_1 = E_2 = E_3 = ...$

E_t = d. d. p. entre os terminais da fonte, com o circuito em funcionamento.

E_1, E_2, E_3, etc. = d. d. p. entre os terminais, respectivamente, de R_1, R_2, R_3, etc.

Características dos Circuitos Mistos

Estes circuitos apresentam, simultaneamente, as características dos circuitos em série e em paralelo, pois são combinações dos dois tipos.

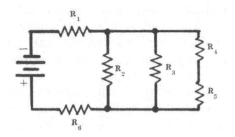

CIRCUITO MISTO

FIG. V-6

Observações

Todos os geradores ou fontes de alimentação apresentam resistência própria, que é conhecida como RESISTÊNCIA INTERNA. Esse valor deve ser computado como se fosse um dos componentes do circuito, EM SÉRIE com o conjunto dos outros componentes.

Quando consideramos a resistência interna da fonte, o valor de E_t (em qualquer circuito) corresponde à diferença de potencial entre os terminais da fonte, sem qualquer coisa ligada aos mesmos (fonte em circuito aberto. É necessário lembrar que a energia gasta para levar um coulomb de um terminal ao outro da fonte inclui a parcela gasta internamente na própria fonte.

Assim, é comum limitar o uso da expressão FORÇA ELETROMOTRIZ para designar a d. d. p. entre os terminais da fonte quando nada está ligado aos mesmos; a força eletromotriz de uma fonte é, portanto, sempre maior do que a d. d. p. entre seus terminais, quando ela está alimentando um circuito qualquer.

EXEMPLOS:

1 – Determinar a resistência a 20° C de um condutor de alumínio de 100 pés de comprimento e de 133.000 CM de seção transversal. A resistividade do alumínio, a 20° C, é 17 ohms. CM/pé.

SOLUÇÃO:

$$R_{20} = \frac{\rho^{20} l}{S} = \frac{17 \times 100}{133.000} = 0,01 \text{ ohm}$$

2 – Três resistores (10, 30 e 50 ohms) foram ligados em série. Em seguida foi aplicada ao conjunto uma tensão de 270 V. Determinar: a) R_t; b) I_t, I_1, I_2 e I_3; c) E_1, E_2 e E_3; d) energia total gasta no circuito em 3 horas; e) potência em R_3.

SOLUÇÃO:

$R_t = R_1 + R_2 + R_3 = 10 + 30 + 50 = 90$ ohms

$$I_t = \frac{E_1}{R_1} = \frac{270}{90} = 3A$$

$I_t = I_1 = I_2 = I_3 = 3$ A

$E_1 = I_1 R_1 = 3 \times 10 = 30$ V

$E_2 = I_2 R_2 = 3 \times 30 = 90$ V

$E_3 = I_3 R_3 = 3 \times 50 = 150$ V

$W_t = E_t I_t t = 270 \times 3 \times 3 = 2.430$ Wh

$P_3 = E_3 I_3 = 150 \times 3 = 450$ W

3 – Quatro resistores de, respectivamente, 2, 4, 12 e 60 ohms foram associados em paralelo. O conjunto foi ligado a uma fonte de tensão desconhecida. Determinar a tensão da fonte e a intensidade da corrente que ela fornece, sabendo que a tensão medida entre os terminais do resistor de 12 ohms foi de 240 V. Determinar ainda a resistência total.

SOLUÇÃO:

$E_t = E_1 = E_2 = E_3 = E_4 = 240$ V

$$I_1 = \frac{E_1}{R_1} = \frac{240}{2} = 120 \text{ A}$$

$$I_2 = \frac{E_2}{R_2} = \frac{240}{4} = 60 \text{ A}$$

$$I_3 = \frac{E_3}{R_3} = \frac{240}{12} = 20 \text{ A}$$

$$I_4 = \frac{E_4}{R_4} = \frac{240}{60} = 4 \text{ A}$$

$$I_t = I_1 + I_2 + I_3 + I_4 = 204 \text{ A}$$

$$R_t = \frac{E_t}{I_t} = \frac{240}{204} = 1,17 \text{ ohm}$$

Ponte de Wheatstone

Se observarmos a Fig. V-7, poderemos concluir que não existe corrente em "R" quando não há diferença de potencial entre "B" e "D".

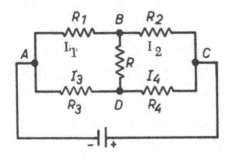

FIG. V-7

Para que "B" e "D" tenham o mesmo potencial é necessário que

$$E_{AB} = E_{AD} \text{ ou } R_1 I_1 = R_3 I_3$$

e

$$E_{BC} = E_{CD} \text{ ou } R_2 I_2 = R_4 I_4$$

Podemos escrever também que

$$\frac{I_2}{I_4} = \frac{R_4}{R_2}$$

e

$$\frac{I_1}{I_3} = \frac{R_3}{R_1}$$

Mas, se não passa corrente por "R",

$$I_1 = I_2$$
$$I_3 = I_4$$

Tendo em vista as igualdades acima, podemos escrever:

$$\frac{R_3}{R_1} = \frac{R_4}{R_2}$$

Esta expressão permite-nos concluir que é possível determinar o valor de qualquer dos resistores, desde que sejam conhecidos os valores dos outros.

Quando existe a condição estudada ($I_R = 0$), dizemos que o circuito está EM EQUILÍBRIO.

O circuito em apreço é conhecido como PONTE DE WHEATSTONE, principalmente na forma da Fig. V-8, onde um galvanômetro (instrumento que indica a existência de uma corrente elétrica) substitui o resistor "R",

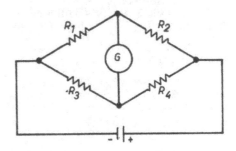

FIG. V-8

Quando não passar corrente no galvanômetro, a PONTE ESTARÁ EM EQUILÍBRIO e haverá a igualdade

$$\frac{R_3}{R_1} = \frac{R_4}{R_2}$$

Este circuito é muito útil e de grande precisão para a medição de resistências. Utilizando um resistor variável em um dos braços, podemos determinar o valor de um resistor qualquer colocado em outro braço, mantendo fixos os valores dos outros dois. (Fig. V-9.)

Fundamentos de Eletrotécnica

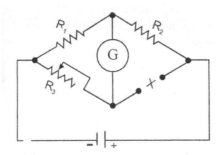

R_3 = Resistor Variável e seu símbolo

FIG. V-9

O valor do resistor desconhecido (X) é dado pela equação

$$X = \frac{R_2 R_3}{R_1}$$

As pontes de Wheatstone comerciais apresentam-se sob diversos aspectos, porém seu princípio de funcionamento é o exposto nos parágrafos anteriores.

Ainda para experiências e demonstrações em laboratório temos a ponte de Wheatstone de fio: sobre uma tábua de comprimento aproximadamente igual a um metro temos dois bornes, entre os quais há um fio estirado. Este fio é de diâmetro uniforme e cada pedaço do mesmo tem a mesma resistência que qualquer outro pedaço de comprimento igual. Ainda sobre a tábua, e paralelamente ao fio acima referido, há uma lâmina de bronze sobre a qual desliza um cursor, ao mesmo tempo que faz contato com o fio.

O espaço entre "A" e "B", isto é, o comprimento total do fio, é dividido em um número qualquer de partes iguais (geralmente 100), divisões estas marcadas sobre a base de madeira. Para determinarmos a resistência de um condutor qualquer usamos ainda resistores; conhecidos (geralmente uma caixa de resistores) e efetuarmos as ligações; já conhecidas (Fig. V-10).

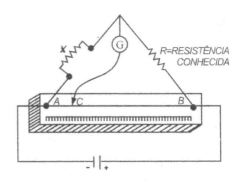

FIG. V-10

Fazendo deslizar o cursor "C", conseguimos fazer com que não passe corrente através do galvanômetro (G), ficando a ponte em equilíbrio, situação que permite aplicar a proporção que existe entre as diversas resistências:

$$\frac{R_1}{R_3} = \frac{R_2}{R_4}$$

No nosso caso temos:

$$\frac{X}{AC} = \frac{R}{BC}$$

donde

$$X = \frac{AC \cdot R}{BC}$$

Sabemos que as resistências de "AC" e de "BC" são proporcionais aos seus comprimentos, e, portanto, basta aplicar seus valores na última expressão, determinando assim o valor da resistência desconhecida. Exemplo: suponhamos que o comprimento "AC" seja igual a 30, o comprimento "BC" seja igual a 20 e a resistência "R" seja de 60 ohms. A resistência "X" é

$$X = \frac{30 \times 60}{20} = 90 \text{ ohms}$$

EXEMPLOS:

1 – O ramo superior do circuito (Fig. V-11) é uma barra condutora de 100 centímetros. Não passa corrente pelo medidor, quando ele está ligado ao ponto onde se lê "20 cm". Qual é o valor de R_x?

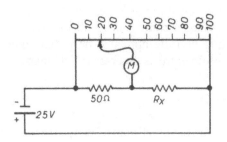

FIG. V-11

SOLUÇÃO:

$$R_x = \frac{50 \times 80}{20} = 200 \text{ ohms}$$

2 – "I_2" indica corrente zero, na Fig. V-12. Qual é o valor de "R", o de "I_1" e o de "I_3"?

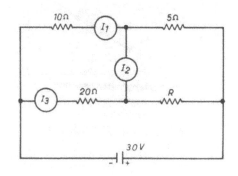

FIG. V-12

SOLUÇÃO:

$$R = \frac{20 \times 5}{10} = 10 \text{ ohms}$$

10 + 5 = 15 ohms
20 + 10 = 30 ohms

$$I_1 = \frac{30}{15} = 2A$$

$$I_3 = \frac{30}{30} = 1A$$

PROBLEMAS

CIRCUITO DE CORRENTE CONTÍNUA EM SÉRIE, EM PARALELO E MISTOS

PONTE DE WHEATSTONE:

1 – Um aquecedor elétrico consiste de duas bobinas, cada uma com 40

Fundamentos de Eletrotécnica   33

ohms de resistência. As bobinas podem ser ligadas em série ou em paralelo. Calcular o calor produzido em cada caso, em 5 minutos. A tensão da fonte é de 120 V.

R.: 12.960 cal; 51.840 cal

2 – Quantos resistores de 40 ohms devem ser ligados em paralelo a uma fonte de 120 volts, para fornecer calor numa razão de 864 calorias por segundo?

R.: 10 resistores

3 – Três condutores de, respectivamente, 2, 4 e 6 ohms podem ser associados de oito maneiras diferentes. Calcular a resistência equivalente em cada caso.

R.: 12 ohms; 4,4 ohms; 5,5 ohms;
7,33 ohms; 1,66 ohms; 2,67 ohms;
3 ohms; 1,09 ohm.

4 – Dois resistores, um deles de 60 ohms, são ligados em série a uma bateria de resistência desprezível. A corrente no circuito é de 1,2 A. Quando um outro resistor de 100 ohms é adicionado em série, a corrente cai a 0,6 A. Calcular: a) f.e.m. da bateria; b) o valor do resistor desconhecido.

R.: 120 V; 40 ohms

5 – 20 lâmpadas incandescentes, de 100 W, funcionam em paralelo sob a tensão de 120 V. Determinar: a) a intensidade da corrente solicitada pelo conjunto; b) a resistência (a quente) do filamento de cada lâmpada.

R.: 16 A; 150 ohms

6 – Um gerador de corrente contínua de 120 V tem 4 ohms de resistência interna. Sendo de 10 A a corrente fornecida, calcular a resistência do circuito externo.

R.: 8 ohms

7 – Três resistores de 4, 3 e 2 ohms, respectivamente, são ligados em paralelo. Sabendo que a corrente que percorre o primeiro é de 3 A, calcular as correntes nos outros dois, a tensão aplicada ao conjunto e a corrente total solicitada.

R.: 4 A; 6 A; 12 V; 13 A

8 – Havendo disponíveis apenas resistores de 1.000 ohms para 0,1 A, e sendo necessário um de 200 ohms para utilização num dado circuito, indicar a maneira de associá-los e a corrente total máxima permissível no circuito.

R.: 5 resistores em paralelo; 0,5 A

9 – Num circuito retangular, as resistências dos lados **AB**, **BC**, **CD** e **DA** são, respectivamente, 5 ohms, 2 ohms, 6 ohms e 1 ohm. Os vértices **D** e **B** estão ligados por um resistor de 8 ohms. Calcular as correntes através dos diversos resistores, quando uma d. d. p. de 25 V é aplicada aos pontos A e B.

R.: $I_{AB} = I_{DA} = 5$ A

$I_{BC} = I_{CD} = I_{BD} = 2,5$ A

10 – Uma turbina hidráulica aciona um gerador de corrente contínua de 75 H.P. Sendo necessária a utilização de energia a 1.500 metros de distância, determinar o número do condutor de cobre padrão para efetuar o seu transporte, com uma perda admissível de 8%, sabendo que a tensão na estação geradora (considerada constante) é de 600 V. (Determinada a seção do condutor, o número pode ser obtido numa tabela de fios).

R.: 0000

11 – Numa instalação residencial existem 5 lâmpadas iguais em paralelo. Sabendo que a energia total consumida pelo conjunto, depois de 3 horas, é de

0,9 kWh, calcular a corrente que cada lâmpada solicita e a resistência total do conjunto. A tensão aplicada do conjunto é de 100 V.

R.: 0,6 A; 33,3 ohms

12 – Calcular os itens abaixo, referentes ao circuito da Fig. V-13, sabendo que a potência dissipada no resistor R_1 é de 0,156 W.

a) resistência equivalente;
b) intensidade total da corrente;
c) queda de tensão no resistor R_1.

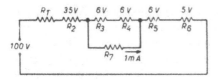

FIG. V-13

R.: 33.333 ohms; 0,003 A; 42 V

13 – Um conjunto de dois receptores em paralelo, de 8 e 12 ohms respectivamente, está ligado a um gerador por dois condutores de 0,6 ohm (cada) de resistência. Calcular a corrente em cada receptor e a fornecida pelo gerador, quando um voltímetro ligado aos terminais deste marcar 60 V.

R.: 6 A; 4 A; 10 A

14 – No circuito da Fig. V-14, determinar:

a) o valor de "R";
b) a resistência total;
c) o valor de "E".

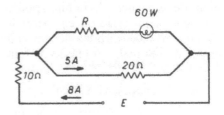

FIG. V-14

R.: 26,6 ohms; 22,5 ohms; 180 V

15 – Dado o circuito da Fig. V-15, determinar I_t, I_2, I_6, I_8, R_t, P_t e P_3.

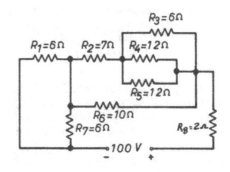

FIG. V-15

R.: 10 A; 5 A; 5 A; 10 A; 10 ohms; 1.000 W; 37,5 W

16 – No circuito da Fig. V-16, o amperímetro permite medidas de 0 a 1 A e o voltímetro tensões de 0 a 200 V. Sendo de 2 ohms a resistência interna do amperímetro e de 100 ohms a do voltímetro, determinar o valor do "shunt" S e do resistor R para que, com a tensão de 200 V aplicada ao conjunto, as agulhas dos instrumentos fiquem na metade de suas respectivas escalas.

Fundamentos de Eletrotécnica 35

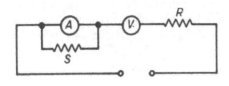

FIG. V-16

R.: S = 2 ohms; R = 99 ohms

17 – Determinar, no circuito abaixo (Fig. V-17), a resistência equivalente e as correntes "I", "I_1" e "I_5".

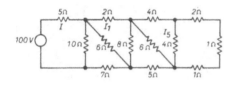

FIG. V-17

R.: I = 10 A; I_1 = 2,5 A;
I_5 = 0,3 A R_t = 10 ohms

18 – Dado o circuito (Fig. V-18), calcular:
a) a resistência total;
b) perdas por efeito de Joule, em 10 segundos;
c) potência total.

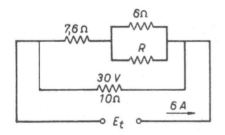

FIG. V-18

R.: 9,59 ohms; 15.015 J; 1.501 W

19 – Determinar:
– E_t
– R
– Trabalho realizado em "R", em 2 horas
– R_t

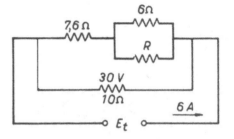

FIG. V-19

R.: 30 V; 4 ohms; 93.312 J; 5 ohms

20 – Determinar:
– tensão total
– resistência total
– potência total
– Quantidade de calor, em calorias, produzida no resistor de 45 ohms, em 3 horas

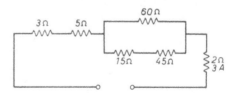

FIG. V-20

R.: 120 V; 40 ohms; 360 W; 262.440 cal

21 – Dada a estrutura (Fig. V-21), determinar a resistência equivalente e a corrente que passa no braço BC.

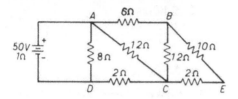

FIG. V-21

R.: 5 ohms; 1,25 A

22 – Dado o circuito da figura V-22, determinar as correntes que atravessam os diversos resistores, e dizer se as lâmpadas (6V e 3W cada) funcionam nas condições normais. A resistência de cada lâmpada é considerada constante.

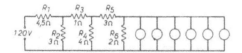

FIG. V-22

R.: $I_1 = 20$ A; $I_2 = 10$ A;
$I_3 = 10$ A; $I_4 = 5$ A;
$I_5 = 5$ A; $I_6 = 2,5$ A

As lâmpadas não funcionam normalmente, porque lhes é aplicada uma tensão de apenas 5 V.

23 – Dada a estrutura (Fig. V-23). Determinar:

a) uma expressão para R_4, de tal modo que a intensidade da corrente no galvanômetro (G) seja nula;
b) as correntes nos diversos braços, quando $R_1 = 12$ ohms, $R_2 = 8$ ohms, $R_3 = 3$ ohms e $R_4 = 2$ ohms;

c) a quantidade de eletricidade fornecida pela fonte em 20 minutos;
d) a quantidade de calor produzida em R_2 (8 ohms) em 10 horas.

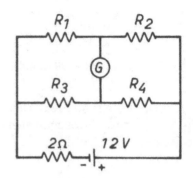

FIG. V-23

R.: $R_4 = R_2 R_3/R_1$

$I_1 = I_2 = 0,4$ A; $I_3 = I_4 = 1,6$ A; $I_t = 2$ A.

2.400 C

46.080 J

24 – Determinar:
– I_t
– P_t
– Energia consumida no resistor R_4 em 5 minutos

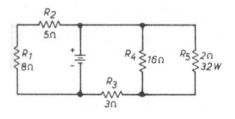

FIG. V-24

R.: 6,1 A; 131,15 W; 1.200 J

25 – Determinar:
 – I_t
 – P_t
 – Energia gasta no resistor R_3 em 2 minutos

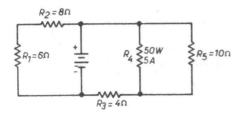

FIG.. V-25

R.: 8,4 A; 285,6 W; 17.280 J

26 – Determinar:
 – E_t
 – P_t
 – Energia consumida em R_3, em 2 segundos

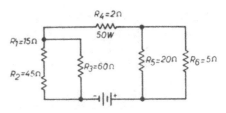

FIG. V-26

R.: 180 V; 900 W; 750 J

27 – Utilizando a Fig. V-26, porém com os valores abaixo, determinar E_t, P_t e a energia consumida em R_5, em 2 segundos:

R_1 = 10 ohms R_6 = 20 ohms
R_2 = 20 ohms I_4 = 3 ampères
R_3 = 30 ohms P_4 = 18 watts
R_5 = 5 ohms

R.: 63 V; 189 W; 14.4 J

CAPÍTULO VI

NOÇÕES ELEMENTARES DE PILHAS PRIMÁRIAS E SECUNDÁRIAS. ASSOCIAÇÃO DE PILHAS

As pilhas são dispositivos que transformam energia química em energia elétrica. A denominação de pilha tem sua origem no aspecto do primeiro dispositivo desta espécie, construído por Alexandre Volta. A pilha de Volta apresentava-se como uma coluna (pilha) de discos de metais diferentes, dispostos alternadamente e separados por rodelas de feltro embebidas em solução química. Hoje as pilhas não têm esse aspecto e são mais elaboradas.

Os principais elementos constituintes de uma pilha são os seus ELÉTRODOS e o seu ELETRÓLITO. Os elétrodos são dois materiais diferentes (o cobre e o zinco, por exemplo) que, ao serem imersos numa solução química (o ELETRÓLITO) adquirem cargas elétricas e assim se estabelece uma força eletromotriz entre eles.

Quando o eletrólito de uma pilha se apresenta na forma líquida, dizemos que a pilha é ÚMIDA; quando o eletrólito é aplicado na forma de uma pasta, dizemos que se trata de uma PILHA SECA.

As pilhas costumam ser classificadas ainda em dois tipos gerais: PILHAS PRIMÁRIAS e PILHAS SECUNDÁRIAS. Na pilha primária, um dos elétrodos é consumido gradualmente durante o funcionamento da mesma, sem haver a possibilidade de recuperação do material, pois as reações químicas que se processam no interior da pilha são irreversíveis. Nas pilhas secundárias, as reações químicas produzem transformações nos elétrodos, mas esses fenômenos químicos são reversíveis, e os materiais podem ser recuperados com a passagem de uma corrente elétrica pela pilha, em sentido contrário ao da corrente de descarga da mesma (corrente fornecida pela pilha, quando está sendo utilizada).

Constantes de uma pilha

São as seguintes as constantes (melhor seria chamá-las de características, pois não são realmente valores constantes):

a) FORÇA ELETROMOTRIZ

b) RESISTÊNCIA INTERNA

c) POTÊNCIA;

d) REGIME ou DÉBITO NORMAL;

e) CAPACIDADE.

Fundamentos de Eletrotécnica

A força eletromotriz de uma pilha é a diferença de potencial entre os seus terminais, EM CIRCUITO ABERTO. É independente das dimensões da pilha e só depende da natureza dos materiais empregados na sua construção.

Quando tratamos da resistência interna de uma pilha temos que considerar o eletrólito. Os fatores que determinam a resistência de um condutor sólido também influem na resistência do eletrólito. Numa pilha, o comprimento do eletrólito é a distância entre os elétrodos, e a área da seção transversal é a área média das superfícies imersas dos mesmos. A resistência interna da pilha depende diretamente da distância entre os elétrodos e inversamente da área da parte imersa dos mesmos.

Mas a resistência interna depende ainda da natureza do eletrólito e de sua deterioração com o envelhecimento da pilha; a resistência interna aumenta com a deterioração do eletrólito.

A resistência interna deve ser a menor possível, pois a d. d. p. entre os terminais da pilha cai quando ela está fornecendo corrente, devido à sua resistência interna. Quando nada está ligado à pilha (CIRCUITO ABERTO), e, portanto, não há corrente elétrica, a d. d. p. entre seus terminais é a sua força eletromotriz. Em CIRCUITO FECHADO, isto é, quando a pilha fornece corrente a um circuito externo, a corrente também existe internamente na pilha, havendo uma queda de tensão no seu interior; a d. d. p. entre os terminais da pilha é, então, menor do que a força eletromotriz gerada. A tensão entre os terminais da pilha (E_f) é igual à força eletromotriz (E_a) menos a queda de tensão interna (E_I):

$$E_f = E_a - E_I$$

A potência total de uma pilha, ou seja, a energia total que produz por segundo, é o produto da sua força eletromotriz pela corrente que fornece:

$$P_t = E_a I$$

A potência útil (energia fornecida por segundo ao circuito externo) é o produto da tensão em circuito fechado pela corrente fornecida:

$$P_u = E_f I$$

O rendimento da pilha é a relação

$$\frac{P_u}{P_t} = \frac{E_f}{E_a I} = \frac{E_f}{E_a}$$

O máximo de trabalho de uma pilha é obtido com "I" máximo, quando

$$E = \frac{E_a}{2}$$

isto é, quando o rendimento é de 50%; nestas condições, a resistência externa é igual à resistência interna.

O débito normal de uma pilha é a corrente máxima que pode fornecer sem possibilidade de POLARIZA-ÇÃO (ver adiante)), fenômeno este que reduz a força eletromotriz. Esta característica depende das dimensões e do tipo de pilha.

A capacidade de uma pilha é a quantidade de eletricidade que ela pode fornecer; depende principalmente da quantidade e do tipo de material ativo, bem como da densidade do eletrólito. Varia de acordo com o período em que se processa a descarga da pilha, e com a temperatura.

Polarização

Quando uma pilha está fornecendo corrente, parte do hidrogênio libertado nas reações químicas deixa a pilha, escapando para a atmosfera, porém o restante fica em torno do eletrodo positivo, não permitindo que este faça bom contato com o eletrólito. Este fenômeno implica não só na redução da tensão entre os terminais da pilha, como foi citado em parágrafo anterior, como também no aumento da resistência interna. Para diminuir o efeito da polarização, são usadas substâncias que se combinam com o hidrogênio, ou que evitam sua formação, chamadas DESPOLARIZANTES.

Pilha Primária de Zinco-Carvão

Este tipo de pilha, principalmente em forma de PILHA SECA, tem grande aplicação em rádios, telefones, lanternas, etc. São as seguintes as suas características principais:

ELETRÓLITO: Cloreto de amônio (NH_4Cl) ou cloreto de manganês ($MnCl_2$).
ELETRODOS: Zinco (-) e Carvão (+).
DESPOLARIZANTE: Bióxido de manganês (MnO_2).
REAÇÕES: 1) Eletrólito de cloreto de amônio
O eletrólito é constituído de íons de amônio carregados positivamente (NH+) e íons de cloro carregados negativamente (Cl-).
Na placa negativa os íons de cloro cedem suas cargas ao zinco, e se combinam quimicamente, formando cloreto de zinco (ZnCl), que passa a fazer parte da solução:

$$Zn + 2\ Cl \rightarrow ZnCl_2$$

Na placa positiva, os íons de amônio cedem suas cargas ao carvão, mas não se combinam com ele; cada íon se decompõe de acordo com a reação

$$2\ NH_4 \rightarrow 2\ NH_3 + H_2$$

No despolarizante, o bióxido de manganês combina-se com o hidrogênio, reduzindo a polarização da pilha:

$$2\ MnO_2 + H_2 \rightarrow Mn_2O_3 + H_2O$$

2) Eletrólito de cloreto de manganês

O eletrólito consiste de íons de manganês carregados positivamente (Mn+) e íons de cloro carregados negativamente (Cl-). No eletrodo negativo, os íons de cloro cedem suas cargas ao zinco e reagem com o mesmo, formando cloreto de zinco, substância que fica fazendo parte da solução na pilha:

$$Zn + 2\ Cl \rightarrow ZnCl_2$$

No eletrodo positivo, os íons de manganês dão suas cargas ao carvão e reagem com o despolarizante (bióxido de manganês)

$$Mn + 3\ MnO_2 \rightarrow 2\ Mn_2O_3$$

FORÇA ELETROMOTRIZ: cerca de 1,5 V, quando nova, decresce durante a vida da pilha, até um limite útil de 1 V.

RESISTÊNCIA INTERNA: aproximadamente 0,5 ohm; aumenta com o envelhecimento da pilha.

Pilha Secundária de Chumbo-Ácido

Este tipo de pilha tem também grande aplicação (automóveis, aviões, etc.). O fato de ser recarregável representa, sem dúvida, uma grande vantagem, e uma análise atenta de suas características principais justifica sua grande utilização.
ELETRÓLITO: Ácido sulfúrico

Fundamentos de Eletrotécnica

diluído (H_2SO_4) em água destilada. O peso específico do eletrólito deve se situar entre os valores de 1,100 e 1,300. O peso específico, determinado com um dispositivo chamado DENSÍMETRO, dá-nos uma boa informação sobre o estado de carga de pilha, pois o peso específico do eletrólito diminui à medida que a pilha se descarrega.

ELÉTRODOS: Chumbo esponjoso (-) e Peróxido de Chumbo (+).

REAÇÕES: DESCARGA – Quando a pilha está carregada, o material ativo da placa positiva é o peróxido de chumbo (PbO_2) e o da placa negativa é o chumbo esponjoso (Pb). À medida que a pilha se descarrega, os íons positivos de hidrogênio do ácido sulfúrico dirigem-se para o terminal positivo, onde perdem suas cargas e reagem, reduzindo o peróxido de chumbo a monóxido de chumbo (PbO) que então se combina com o ácido sulfúrico para formar sulfato de chumbo ($PbSO_4$).

Os íons negativos (SO_4) dirigem-se à placa negativa, onde se combinam, formando também sulfato de chumbo.

CARGA: Quando a pilha está sendo recarregada, os íons de hidrogênio movem-se para a placa negativa e os íons SO_4 para a placa positiva. As reações são o oposto das que foram citadas na descarga. Tanto a carga total como a descarga total estão sintetizadas na equação abaixo:

FORÇA ELETROMOTRIZ: cerca

$$PbO_2 \ + \ 2H_2SO_4 \ + \ Pb \ \rightleftharpoons \ PbSo_4 \ + \ 2H_2O \ + \ PbSO_4$$

Terminal positivo	Eletrólito	Terminal negativo	Terminal positivo	Eletrólito	Terminal negativo

de 2,2 V. Em plena carga pode chegar a 2,6 ou mais volts. A tensão cai com a descarga e não se deve permitir que seja inferior a 1,8 volts.

RESISTÊNCIA INTERNA: É normalmente muito baixa, o que constitui uma das importantes vantagens sobre as pilhas primárias. Esta característica dá a esta pilha uma diferença de potencial praticamente constante entre os seus terminais. Como exemplo, uma pilha de 300 Ah de capacidade tem uma resistência interna de aproximadamente 0,001 ohm.

Associação de Pilhas

Uma pilha tem força eletromotriz e capacidade muito pequenas. A força eletromotriz máxima que se pode obter de uma pilha é pouco mais de 2 volts, e, a não ser que a pilha tenha dimensões muito grandes, sua capacidade é reduzida. Contudo, é possível obter tensões bem mais altas, aliadas a maiores capacidades, agrupando as pilhas de três modos diferentes:

a) ASSOCIAÇÃO EM SÉRIE
b) ASSOCIAÇÃO EM PARALELO
c) ASSOCIAÇÃO MISTA

Esses conjuntos de pilhas são chamados BATERIAS.

Na associação em série, unimos os terminais diferentes de pilhas adjacentes. O terminal livre de cada pilha situado numa das extremidades da ligação é um dos terminais da bateria.

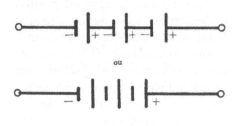

PILHAS EM SÉRIE

FIG. VI-I

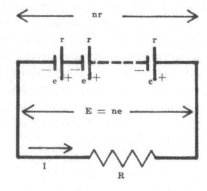

FIG. VI-3

Na ligação em paralelo, todos os elétrodos positivos são unidos, o mesmo acontecendo com os negativos. Deste modo, todos os elétrodos de polaridades iguais ficam no mesmo potencial e, assim, a força eletromotriz da bateria é a mesma de uma única pilha.

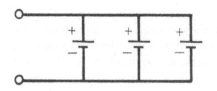

PILHAS EM PARALELO

FIG. VI-2

Características da Ligação em Série

A força eletromotriz "E" da bateria é igual à soma das forças eletromotrizes das diversas pilhas associadas.

Se a bateria é formada por "n" elementos IDÊNTICOS temos:

$$E = n\,e$$

A resistência da bateria é igual à soma das resistências internas das pilhas. Se a bateria é formada por "n" elementos IGUAIS de resistência interna "r", e se "R" é a resistência externa, a resistência total é

$$n\,r + R$$

e, de acordo com a Lei de Ohm, podemos escrever:

$$I = \frac{n\,e}{n\,r + R}$$

Este tipo de ligação é vantajoso, sobretudo quando as resistências externas são grandes.

Características da Ligação em Paralelo

Este tipo de ligação, também chamado de associação em derivação, em quantidade ou em superfície, apresenta maior vantagem quando as resistências externas são pequenas.

Supondo que todos os elementos são IDÊNTICOS, temos que:

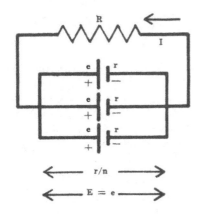

FIG. VI-4

– a força eletromotriz da bateria é a mesma que a de uma única pilha:

$$E = e$$

– a resistência da bateria é igual à de um elemento dividida pelo número de dispositivos utilizados:

$$\frac{r}{n}$$

A intensidade da corrente fornecida será, então, de acordo com a Lei de Ohm, e considerando a resistência externa do circuito,

$$I = \frac{e}{\frac{r}{n} + R} = \frac{e}{\frac{r + Rn}{n}} = \frac{ne}{r + Rn}$$

Características da Associação Mista

A ligação mista é uma combinação dos dois tipos já estudados, e, assim, apresenta simultaneamente as características mencionadas nos parágrafos anteriores.

Pilhas em Oposição

Quando ligamos pilhas em série, e qualquer uma delas é invertida, a força eletromotriz total sofre uma redução, porém a resistência interna total continua a mesma,

A força eletromotriz total é a soma das forças eletromotrizes do grupo maior de pilhas, agindo num sentido, menos a força eletromotriz total do grupo menor agindo em sentido oposto, ou, em outras palavras, a força eletromotriz total é a soma algébrica das diversas forças eletromotrizes.

PROBLEMAS

PILHAS; ASSOCIAÇÃO

1 – Uma pilha cuja resistência interna é de 0,5 ohm tem os seus terminais ligados a um resistor de 40 ohms. Sabendo que a f. e. m. da pilha é de 1,4 V, determinar a intensidade da corrente no resistor.

R.: 0,034 A

2 – Um resistor é ligado primeiro em série e depois em paralelo com um medidor de 12 ohms de resistência. Quando uma bateria de 3 ohms de resistência interna é aplicada ao conjunto, a leitura no dispositivo é a mesma nos dois casos. Determinar o valor do resistor.

R.: 6 ohms

3 – Um resistor de 10 ohms é ligado a uma bateria formada por seis pilhas ligadas em série. Cada pilha tem uma f. e. m. de 1,5 V e uma resistência interna de 0,2 ohm. Qual a corrente que passa no resistor?

R.: 0,8 A

4 – Seis pilhas primárias são dispostas em três fileiras, cada fileira com duas pilhas, e o conjunto é ligado a um dispositivo cuja resistência é de 10 ohms. Determinar a corrente fornecida pela bateria, sabendo que cada pilha tem as seguintes características: f. e. m. de 1,5 V e resistência interna de 1 ohm. Numa fileira as pilhas estão em série, e as fileiras estão em paralelo.

R.: 0,28 A

5 – Doze pilhas são ligadas em série e o conjunto ligado a um resistor de 18 ohms. Sabendo que cada pilha tem uma força eletromotriz de 1,5 V e uma resistência interna de 0,5 ohm, calcular a corrente no circuito. Determinar, também, a corrente que passaria no resistor se quatro das pilhas fossem ligadas em oposição com as outras.

R.: 0,75 A; 0,25 A

6 – Se um resistor de condutância igual a 5 S fosse ligado a uma fonte constituída por 6 pilhas associadas em série, qual seria a quantidade de calor produzida no mesmo em 2 minutos? Qual deveria ser sua dissipação mínima?

Constantes de cada pilha:
Força eletromotriz = 1,5 volt
Resistência interna = 0,8 ohm

R.: 77,76 J
0,648 W

CAPÍTULO VII

ELETRIZAÇÃO POR FRICÇÃO, POR CONTATO E POR INDUÇÃO

Neste capítulo iniciamos o estudo de alguns assuntos que fazem parte da ELETROSTÁTICA, isto é, da PARTE DA ELETRICIDADE QUE ESTUDA AS CARGAS ELÉTRICAS EM REPOUSO, BEM COMO AS CORRENTES DE CARGA E DESCARGA INSTANTÂNEAS. O ESTUDO DA CORRENTE ELÉTRICA (CARGAS ELÉTRICAS EM MOVIMENTO) CORRESPONDE À PARTE DA ELETRICIDADE CHAMADA ELETRODINÂMICA.

No início do nosso curso vimos que os corpos adquirem cargas elétricas quando seus átomos perdem elétrons ou quando apresentam elétrons em excesso; no primeiro caso a carga é positiva, e no segundo caso é negativa. Foi estudado também que um dos métodos para produção de cargas elétricas é friccionar um corpo com outro e, em conseqüência dessa operação, os dois corpos adquirem cargas de valores iguais, porém de sinais opostos. O fenômeno é explicado pela passagem de elétrons de um para o outro corpo; o que recebe os elétrons adquire carga negativa, e o que perde passa a apresentar carga positiva.

Um processo mais simples para eletrizar um corpo neutro é pô-lo em contato com outro carregado. Assim que o contato é estabelecido, há o deslocamento de elétrons de um para o outro. Se o corpo carregado tiver excesso de elétrons, o fluxo eletrônico será estabelecido no sentido do corpo neutro, e, se o corpo carregado tiver falta de elétrons, o fluxo será dirigido do neutro para ele. Neste processo de carga por contato, os dois corpos terminam com cargas de valores iguais e de mesmo sinal.

Verifica-se experimentalmente que um corpo eletricamente neutro também pode adquirir carga elétrica pela SIMPLES APROXIMAÇÃO de um corpo eletrizado, método este chamado de CARGA POR INDUÇÃO. Neste caso, o corpo adquire carga sem que haja perda ou recebimento de elétrons. Na realidade, a carga adquirida é temporária e só existe enquanto o corpo provocador do fenômeno (chamado INDUTOR) está próximo daquele que está sendo carregado (INDUZIDO), pois se trata apenas de uma distribuição irregular dos elétrons livres do corpo. Quando um corpo "A", eletrizado negativamente, é aproximado de um corpo neutro "B", os elétrons livres deste se deslocam para a parte do corpo mais distante de "A". Como resultado, o corpo "B" passa a apresentar duas regiões em situações elétricas diferentes, uma com excesso de elétrons (a mais distante de "A") e a outra com falta de elétrons (a mais próxima de "A"). Os elétrons livres do corpo "B" voltam a se distribuir normalmente, assim que o corpo indutor é afastado.

A distribuição das cargas no induzido é oposta, quando um corpo com carga positiva é colocado diante de um corpo neutro.

Eletroscópio

O eletroscópio é um dispositivo que serve para verificar a existência de cargas elétricas, podendo ser usado também para determinar a espécie de carga (positiva ou negativa) apresentada por um corpo.

Há vários tipos de eletroscópios, dos quais o mais simples é o PÊNDULO ELÉTRICO ou ELETROSCÓPIO DE BOLINHA DE SABUGUEIRO. Este dispositivo consiste simplesmente de uma bolinha de sabugueiro (pode ser também de qualquer material leve, tal como a cortiça, a balsa, etc.) presa a um fio de material isolante (seda, por exemplo). Quando um corpo é aproximado da bola e ela é atraída, temos uma indicação de que ele está carregado, pois uma das características dos corpos eletrizados é a de atraírem pequenos objetos leves.

Outro eletroscópio muito conhecido é o DE FOLHAS DE OURO, constituído por uma haste metálica em que, numa das extremidades, são presas duas lâminas de ouro (ou outro material: estanho, alumínio, etc.). Quando um corpo eletrizado é aproximado da extremidade livre do eletroscópio, geralmente com a forma de esfera ou de disco, este se carrega por indução e as lâminas ficam com cargas iguais, repelindo-se mutuamente. A repulsão de uma lâmina pela outra é a indicação da existência de carga.

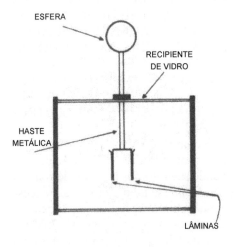

FIG. VII-2

Com um eletroscópio já carregado é possível verificar a espécie de carga apresentada por um corpo. Se um objeto eletrizado é aproximado de um pêndulo elétrico carregado e o atrai, sua carga é de sinal oposto à do pêndulo. No caso contrário, é de sinal igual.

Se um corpo eletrizado é aproximado (ou entra em contato) de um eletroscópio de folhas de ouro já eletrizado, e provoca um aumento no afastamento

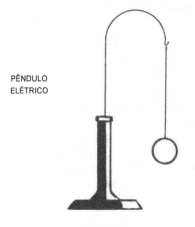

FIG. VII-1

entre as lâminas, conclui-se que sua carga é de mesmo tipo que a do eletroscópio. Se o afastamento entre as lâminas é diminuído, a carga do corpo é de tipo diferente da do eletroscópio.

Máquinas Eletrostáticas

As cargas produzidas manualmente são pequenas e insuficientes para determinar experiências.

É possível, porém, produzir cargas bastante elevadas com o auxílio de MÁQUINAS ELETROSTÁTICAS, em que as cargas são produzidas por fricção e por indução.

As máquinas de Wimshurst e de Ramsden são exemplos mais antiquados de MÁQUINAS ELETROSTÁTICAS, de aplicação praticamente limitada a demonstrações de fenômenos eletrostáticos.

Entretanto, o gerador de Van de Graaff é um exemplo moderno e muito utilizado para fins experimentais.

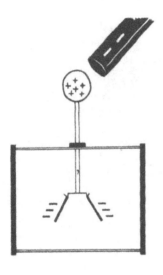

MÁQUINA ELETROSTÁTICA E EQUIPAMENTO PARA DEMONSTRAÇÃO DE FENÔMENOS ELETROSTÁTICOS

CARGA DE UM ELETROSCÓPIO POR INDUÇÃO

FIG. VII-4

FIG. VII-3

CAPÍTULO VIII

DISTRIBUIÇÃO DAS CARGAS ELÉTRICAS. CONCEITO ELEMENTAR DE CAMPO ELÉTRICO, FLUXO ELÉTRICO E DENSIDADE DE FLUXO ELÉTRICO

Distribuição das Cargas Elétricas

Faraday observou que as cargas elétricas só se distribuem pela superfície externa dos corpos. Este fato é demonstrado facilmente por várias experiências simples, tal como a da GAIOLA DE FARADAY. Quando esta experiência foi feita pela primeira vez, pelo físico que lhe deu o nome, a gaiola tinha grandes dimensões, capazes de permitir a presença de uma pessoa em seu interior.

Faraday entrou na gaiola e providenciou para que recebesse carga elétrica. Pôde verificar então que só externamente podiam ser observados os efeitos da carga elétrica.

Experiências mais simples podem ser efetuadas com tubos de material bom condutor, esferas ocas metálicas, etc., e eletroscópios, demonstrando facilmente este conhecimento.

Além do exposto, cabe observar que as cargas adquiridas por corpos bons condutores não ficam limitadas às regiões friccionadas ou postas em contato com corpos carregados. Na realidade distribuem-se por toda a superfície externa dos corpos.

Nos materiais isolantes, porém, as cargas ficam restritas às áreas submetidas a qualquer um dos processos de eletrização estudados no capítulo anterior. É por este motivo que as experiências referentes ao fenômeno da carga por fricção são feitas quase que unicamente com isolantes (bastões de vidro ou ebonite); já as experiências sobre cargas por indução são feitas com corpos bons condutores, possuidores de muitos elétrons livres.

Outro fenômeno importantíssimo é o da DISTRIBUIÇÃO IRREGULAR das cargas elétricas pela superfície do corpo. Observa-se que há sempre maior acúmulo de cargas nas pontas do corpo, nas arestas, nos vértices e nas regiões de maior curvatura. Nas partes planas a carga é sempre muito reduzida em relação às partes citadas. Esta distribuição irregular das cargas é conseqüência das ações mútuas entre elas, e é facilmente compreendida quando as forças são analisadas vetorialmente. Tal fenômeno é conhecido como PODER DAS PONTAS. Uma conseqüência desse fato é o chamado VENTO ELÉTRICO: devido à grande concentração de cargas nas pontas, as partículas de ar em contato com o corpo se eletrizam e são repelidas em seguida, produzindo o fenômeno em apreço. Esse deslocamento de ar pode ser observado por meio de várias experiências simples, entre as quais a do torniquete elétrico.

Densidade Elétrica Superficial

É o número de cargas elétricas por unidade de área. O valor desta grandeza, a não ser no caso de uma esfera, É SEMPRE MÉDIO.

A densidade elétrica superficial média é calculada com a expressão

$$D = \frac{Q}{S}$$

D = densidade elétrica em COULOMBS POR METRO QUADRADO (C/m²)
Q = carga do corpo em COULOMBS (C)
S = área da superfície externa do corpo, em METROS QUADRADOS (m²)

Da expressão acima conclui-se que

$$Q = D \cdot S \quad e \quad S = \frac{Q}{D}$$

Campo Elétrico

Campo elétrico ou campo eletrostático é o espaço em torno de um corpo eletrizado, no qual se pode observar as ações que o corpo carregado é capaz de exercer sobre outros corpos carregados ou não. Teoricamente, a ação de um corpo com carga elétrica se estenderia ao infinito, porém na prática o campo é limitado pela possibilidade de observação de qualquer ação.

Para visualizar um campo elétrico, dando idéia de sua grandeza e de sua forma, Faraday foi o primeiro a utilizar linhas, que denominou LINHAS DE FORÇA. O número de linhas é, por convenção, igual ao número de cargas apresentadas pelo corpo. Cada linha de força é um segmento de reta perpendicular à superfície do corpo, no ponto a partir do qual é traçada, indicando deste modo a trajetória que seria seguida por uma carga elétrica se fosse atraída ou repelida pelo corpo eletrizado. Além disso, as linhas podem indicar a forma do campo, que depende da distribuição das cargas.

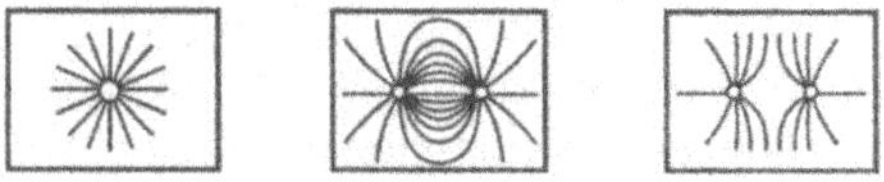

REPRESENTAÇÃO GRÁFICA DE CAMPOS ELÉTRICOS

FIG. VIII-1

O número total de linhas usadas para representar graficamente um campo elétrico é chamado FLUXO ELÉTRICO (ψ). Como sabemos, a quantidade de linhas é igual à de cargas elétricas, de modo que o fluxo elétrico (ou eletrostático) é expresso pelo mesmo valor e, por conveniência, na mesma unidade: COULOMB.

Em muitos casos é extremamente útil considerar o número de linhas de força por unidade de área. Esta relação é conhecida com DENSIDADE DE FLUXO ELÉTRICO, calculada com a expressão

$$D = \frac{\psi}{S}$$

donde concluímos que

$$\psi = D \cdot S \quad e \quad S = \frac{\psi}{D}$$

D = densidade de fluxo elétrico, em C/m^2

S = área "atravessada" pelas linhas de força, em m^2

Y = fluxo elétrico em C.

A ação de um campo elétrico se faz sentir num determinado sentido. Por esta razão convencionou-se um sentido para as linhas de força, baseado na ação que sofreria uma carga de prova positiva, se fosse aproximada de um corpo eletrizado positivamente. Assim, as linhas de força em um corpo com carga positiva recebem setas, indicando que elas "saem" do corpo. O contrário acontece com um corpo carregado negativamente.

Lei de Du Fay e Lei de Coulomb

A Lei de Du Fay diz que "CARGAS DE SINAIS IGUAIS SE REPELEM, E CARGAS DE SINAIS OPOSTOS SE ATRAEM".

As intensidades das forças de atração ou de repulsão podem ser determinadas com auxílio da LEI DE COULOMB, cujo enunciado é o seguinte:

"A FORÇA DE ATRAÇÃO OU DE REPULSÃO ENTRE CORPOS ELETRIZADOS É DIRETAMENTE PROPORCIONAL AO PRODUTO DE SUAS CARGAS, É INVERSAMENTE PROPORCIONAL AO QUADRADO DA DISTÂNCIA ENTRE ELES E DEPENDE TAMBÉM DO MEIO EM QUE OS CORPOS SE ENCONTRAM".

O estudo da equação referente a esta lei e a sua aplicação serão feitos em outro capítulo deste livro.

EXEMPLOS:

1 – Um corpo tem uma superfície de $0,02$ m^2 e recebeu uma carga de $0,005$ C. Determinar a sua densidade elétrica superficial média.

SOLUÇÃO:

$$D = \frac{Q}{S} = \frac{0,005}{0,02} = 0,25\,C/m^2$$

2 – Um condutor adquiriu uma carga de -5 C. Sabendo que sua densidade elétrica é de $0,25$ C/m^2, determinar sua superfície externa.

SOLUÇÃO:

$$S = \frac{Q}{D} = \frac{5}{0,25} = 20\,m^2$$

3 – Que carga deve adquirir um corpo com $0,005$ m^2 de superfície externa, para que sua densidade elétrica seja de $0,02$ C/m^2? Qual será sua densidade de fluxo elétrico?

SOLUÇÃO:

$$Q = D\,S = 0,02 \times 0,005 = 0,0001\,C$$

Densidade de fluxo = densidade de carga = $0,02$ C/m^2

CAPÍTULO IX
CAPACITÂNCIA. CAPACITORES. ASSOCIAÇÃO DE CAPACITORES. RIGIDEZ DIELÉTRICA

Capacitor e Capacitância

Capacitor é qualquer conjunto formado por dois condutores separados por um isolante. Os condutores são as PLACAS ou ARMADURAS do capacitor, e o isolante é o seu DIELÉTRICO.

Simbolicamente, o capacitor é representado como mostra a Fig. IX-1. Os traços horizontais representam as placas, o espaço entre eles é o dielétrico e os traços que saem dos segmentos que representam as placas são condutores para ligação.

CAPACITORES DE TIPOS DIVERSOS

SÍMBOLO

FIG. IX-1

Um capacitor é utilizado para armazenar cargas elétricas. Quando suas placas são ligadas aos terminais de uma fonte, a que é ligada ao negativo recebe elétrons do mesmo, e da outra placa saem elétrons para o terminal positivo da fonte.

Durante quanto tempo há deslocamento de elétrons?

Apenas durante o tempo necessário para que se estabeleça o equilíbrio elétrico entre os terminais da fonte e as placas do capacitor. Quando isto acontece, a diferença de potencial entre as placas é igual à diferença de potencial entre os terminais da fonte.

É importante frisar que a tensão entre as placas do capacitor é resultante das cargas adquiridas pelas mesmas.

A intensidade da corrente de carga é máxima no instante em que as placas são ligadas, e cai a zero quando elas adquirem potenciais iguais aos dos terminais da fonte.

Se pusermos em contato as placas de um capacitor carregado, haverá uma corrente de descarga, pois os elétrons em excesso numa das placas irão se deslocar para a outra, onde há falta de elétrons. Essa corrente durará o tempo necessário para que sejam neutralizadas as cargas das placas; será máxima no início da operação e será nula quando o capacitor estiver totalmente descarregado.

A CARGA DE UM CAPACITOR É A CARGA DE UMA DE SUAS PLACAS; elas apresentam, evidentemente, cargas de valores iguais embora de sinais opostos. Quanto maior a carga de um capacitor, maior a diferença de potencial entre suas placas.

Dá-se o nome de CAPACITÂNCIA (C) DE UM CAPACITOR à carga que o mesmo deve receber, para que entre suas placas se estabeleça uma diferença de potencial unitária. A unidade de capacitância é o COULOMB POR VOLT (C/V) ou FARAD (F).

O FARAD exprime a capacitância de um capacitor que precisa receber uma carga de UM COULOMB para que entre suas placas se estabeleça uma diferença de potencial de UM VOLT. Do exposto é fácil concluir que

$$C = \frac{Q}{E}$$

donde

$$Q = C\ E \quad_e \quad E = \frac{Q}{C}$$

C = capacitância em FARADS (F)
Q = carga adquirida pelo capacitor, em COULOMBS (C)
E = tensão entre as placas do capacitor, em VOLTS (V)

O farad é uma unidade muito grande, e, por este motivo, são usados normalmente os seguintes submúltiplos:

Microfarad (μF) = 0,000.001   Farad
Nanofarad (nF) = 0,000.000.001 Farad
Picofarad (pF) =
    = 0.000.000.000.001 Farad

A capacitância de um capacitor depende inversamente da distância entre suas placas (espessura do dielétrico), diretamente da área útil de um dos lados de uma de suas placas e do dielétrico. Variações de temperatura e umidade podem alterar a capacitância e são fatores que não devem ser esquecidos quando se faz uso de capacitores.

Conhecendo o que foi exposto, o homem produz capacitores com os valores desejados, que permitem o armazenamento de cargas diversas para uso nos momentos adequados.

Associação de Capacitores

É evidente que não são fabricados capacitores com todos os valores imagináveis. Entretanto, há o recurso da associação dessas peças, o que pode ser feito de três modos:

– EM SÉRIE

– EM PARALELO

– EM ASSOCIAÇÃO MISTA

Características da Ligação em Série

Quando as peças são ligadas em série, como na Fig. IX-2, a capacitância do conjunto é menor do que qualquer um dos valores usados na ligação e pode ser calculada com a equação

$$\frac{1}{C_t} = \frac{1}{C_1} + \frac{1}{C_2} + \frac{1}{C_3} + \ ...$$

C_t = capacitância total ou equivalente
C_1, C_2, C_3, etc. = capacitâncias parciais

Se todos os capacitores forem iguais, bastará dividir o valor de um deles pelo número de peças usadas:

$$C_t = \frac{C}{n}$$

C_t = capacitância total ou equivalente
C = valor de um dos capacitores iguais
n = número de capacitores usados na associação

Trabalhando com dois capacitores de cada vez, basta multiplicar seus valores e dividir o resultado pela soma dos mesmos:

$$C_t = \frac{C_1 C_2}{C_1 + C_2}$$

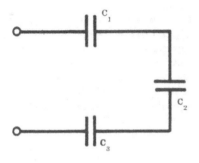

CAPACITORES EM SÉRIE

FIG. IX-2

Quando um conjunto de capacitores em série é ligado a uma fonte de corrente contínua, todos os capacitores apresentam cargas iguais (de acordo com o processo de carga por indução), sejam quais forem suas capacitâncias:

$$Q_t = Q_1 = Q_2 = Q_3 = ...$$

Q_t = carga do conjunto de capacitores ou carga total fornecida pela fonte
Q_1, Q_2, Q_3 etc. = cargas dos diversos capacitores

De acordo com a definição de capacitância, a tensão em cada capacitor é tanto maior quanto menor é a sua capacitância, porque todos apresentam a mesma carga. A tensão entre os terminais do conjunto é igual à soma das tensões parciais:

$$E_t = E_1 + E_2 + E_3 + ...$$

E_t = diferença de potencial entre os terminais do conjunto
E_1, E_2, E_3, etc. = tensões entre os terminais dos diversos capacitores

Características da Ligação em Paralelo

Quando os capacitores são ligados em paralelo, como se vê na Fig. IX-3, a capacitância total é a soma das capacitâncias parciais:

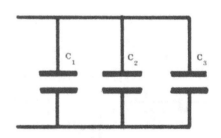

CAPACITORES EM PARALELO
FIG. IX-3

$$C_t = C_1 + C_2 + C_3 + ...$$

C_t = capacitância total ou equivalente

C_1, C_2, C_3, etc. = capacitâncias parciais

Neste caso, a tensão entre os terminais do conjunto é a mesma que existe entre os terminais de cada capacitor:

$$E_t = E_1 = E_2 = E_3 = ...$$

E_t = tensão entre os terminais do conjunto
E_1, E_2, E_3, etc. = tensões parciais

Da definição de capacitância conclui-se que cada capacitor adquire uma carga diferente (a não ser que todos tenham a mesma capacitância), diretamente proporcional à sua capacitância, e que a carga total é a soma das cargas parciais:

$$Q_t = Q_1 + Q_2 + Q_3 + ...$$

Q_t = carga adquirida pelo conjunto

Q_1, Q_2, Q_3, etc. = cargas dos diversos capacitores

Características da Ligação Mista

Nas associações mistas, os resultados são combinações dos obtidos com as ligações estudadas.

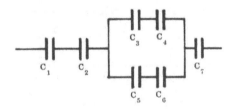

ASSOCIAÇÃO MISTA

FIG. IX-4

Rigidez Dielétrica

Os átomos do isolante colocado entre as placas de um capacitor ficam submetidos ao campo elétrico entre elas. Os elétrons orbitais se sentem atraídos pela placa com carga positiva e os núcleos são atraídos pela placa negativa.

Essas atrações não são normalmente suficientes para libertar elétrons dos átomos, mas quando as cargas das placas atingem determinados valores pode acontecer o fenômeno em questão, e se estabelecer uma corrente elétrica através do material até então isolante.

A tensão que existe entre as placas do capacitor quando isto ocorre é chamada TENSÃO DE RUPTURA. Os capacitores trazem indicada geralmente em seu invólucro a tensão máxima ou a tensão normal de trabalho que pode existir entre suas placas, sem que haja ruptura, com a consequente inutilização da peça.

Entre as características de um isolante cumpre destacar a sua RIGIDEZ DIELÉTRICA, que é a tensão necessária para causar a ruptura de uma amostra do material com uma espessura unitária.

Em geral a tensão é expressa em quilovolts e a espessura em milímetros ou centímetros.

Conclui-se do exposto que

$$\text{Rigidez dielétrica} = \frac{E_r}{e}$$

E_r = tensão de ruptura
e = espessura do isolante

EXEMPLOS:

1 – Quantos elétrons devem ser removidos de uma placa de um capacitor de 270 picofarads e adicionados à outra, para que haja uma tensão de 420 volts entre elas?

SOLUÇÃO:

$Q = C E$

$Q = 270 \times 10^{-12} \times 42 \times 10 =$
$= 1.134 \times 10^{-10}$ C

1 C = $6{,}28 \times 10^{18}$ elétrons

Fundamentos de Eletrotécnica 55

Número de elétrons = $1.134 \times 10^{-10} \times 6{,}28 \times 10^{18} =$
$= 7.121{,}52 \times 10^8$ elétrons

2 – Vinte capacitores de 8μF foram ligados em série. Determinar a capacitância total e a carga acumulada em cada capacitor, sabendo que o conjunto foi ligado a uma fonte de 200 volts.

SOLUÇÃO:

$$C_t = \frac{C}{n} = \frac{8}{20} = 0{,}4\mu F$$

$Q = CE = 4 \times 10^{-7} \times 2 \times 10^2 = 8 \times 10^{-5}$ C

3 – Um capacitor com uma capacitância de 80μF é ligado a uma fonte de 500 V. Calcular sua carga.

SOLUÇÃO:

$Q = CE = 8 \times 10^{-5} \times 5 \times 10^2 =$
$= 4 \times 10^{-2}$ C

4 – Um capacitor de 0,01μF e um de 0,04μF são ligados primeiro em paralelo e, em seguida, em série, a uma fonte de 500 V.

a) Qual a capacitância total em cada caso?
b) Qual a carga total em cada caso?
c) Qual a carga de cada capacitor, nas duas ligações?
d) Qual a diferença de potencial entre as placas de cada capacitor, nos dois casos?

SOLUÇÃO:

a) $C_1 + C_2 = 0{,}01 + 0{,}04 =$
$= 0{,}05\mu F$ (em paralelo)
$\dfrac{C_1 C_2}{C_1 + C_2} = \dfrac{0{,}01 \times 0{,}04}{0{,}01 + 0{,}04} = 0{,}008\mu F$
(em série)

b) $Q = CE = 5 \times 10^{-8} \times 5 \times 10^2 = 25 \times 10^{-6}$ C
(em paralelo)
$Q = CE = 8 \times 10^{-9} \times 5 \times 10^2 = 4 \times 10^{-6}$ C (em série)

c) $Q_1 = C_1 E_1 = 10^{-8} \times 5 \times 10^2 = 5 \times 10^{-6}$ C
$Q_2 = C_2 E_2 = 4 \times 10^{-8} \times 5 \times 10^2 = 2 \times 10^{-5}$ C
(em paralelo)

$Q_1 = Q_2 = 4 \times 10^{-6}$ C (em série)

d) $E_1 = E_2 = 500$ V (em paralelo)
$$E_1 = \frac{Q_1}{C_1} = \frac{4 \times 10^{-6}}{10^{-8}} =$$
$= 400$V (em série)

$$E_2 = \frac{Q_2}{C_2} = \frac{4 \times 10^{-6}}{4 \times 10^{-8}} =$$
$= 100$V (em série)

5 – Determinar:

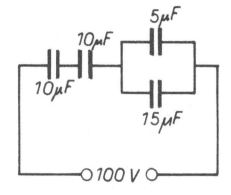

FIG. IX-5

– Q_t
– C_t
– Tensão entre as placas do capacitor de 15μF

SOLUÇÃO:

$5 + 15 = 20\mu F$

$\dfrac{10}{2} = 5\mu F$

$C_t = \dfrac{5 \times 20}{5 + 20} = 4\mu F$

$Q_t = C_t E_t = 4 \times 10^{-6} \times 10^2 =$
$= 4 \times 10^{-4} C$

A tensão no conjunto formado pelos dois capacitores de 10μF em série é:

$E = \dfrac{Q}{C} = \dfrac{4 \times 10^{-4}}{5 \times 10^{-6}} = 80V$

A tensão no conjunto formado pelos capacitores de 5μF e 15μF em paralelo é, portanto:

$100 - 80 = 20 \text{ V}$

Esta é a tensão entre as placas do capacitor de 15μF.

6 – Determinar:

– Carga total
– Carga adquirida pelo capacitor de 30μF

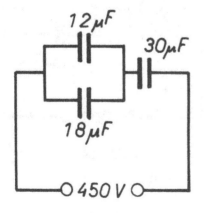

FIG. IX-6

SOLUÇÃO:

$12 + 18 = 30\mu F$

$C_t = \dfrac{30}{2} = 15\mu F$

$Q_t = C_t E_t = 15 \times 10^{-6} \times 45 \times 10 =$
$= 675 \times 10^{-5} C$

Carga do capacitor de 30μF =
$= Q_t = 675 \times 10^{-5} C$

PROBLEMAS

CAPACITÂNCIA. ASSOCIAÇÃO DE CAPACITORES

1 – Se 2×10^{10} elétrons forem removidos de uma placa e adicionados a outra paralela, qual será o fluxo elétrico total entre as placas condutoras? Dizer também qual a capacitância do conjunto, sabendo que a diferença de potencial entre as placas é de 180 V.

R.: 3×10^{-9} C; 16×10^{-12} F

2 – Um capacitor de 10 microfarads e um de 40 microfarads são ligados em paralelo, e o conjunto é ligado a uma fonte de 400 V. Determinar a capacitância total e a carga acumulada em cada capacitor.

R.: 50μF; 4×10^{-3} C; 16×10^{-3} C

3 –
$C_1 = 10$ microfarads
$C_2 = 5$ microfarads
$C_3 = 20$ microfarads
$Q_2 = 0{,}002$ coulomb

Determinar:
$Q_1 \quad E_1 \quad C_t$
$Q_3 \quad E_2$
$Q_t \quad E_3$
$\quad\quad E_t$

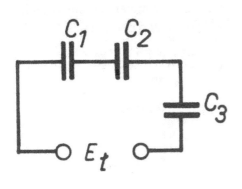

FIG. IX-7

5 – Determinar a carga adquirida pelo capacitor de 30μF.

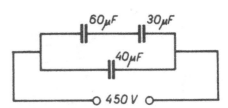

FIG. IX-9

R.: 0,002 C – 200 V – 28 x10^{-7} F
0,002 C – 400 V
0,002 C – 100 V
700 V

R.: 9×10^{-3} C

4 – C_1 = 2 microfarads
C_2 = 5 microfarads
C_3 = 3 microfarads
E_t = 100 V

6 – Determinar: C_t
Q_t
E_2
Q_2

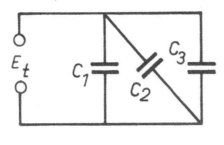

FIG. IX-8

Determinar:

$Q_1 - Q_2 - Q_3 - Q_t - C_t$

R.: 2×10^{-4} C; 5×10^{-4} C; 3×10^{-4} C; 10^{-3} C; 10μF

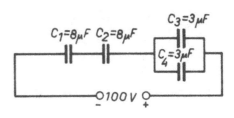

FIG. IX-10

R.: 2,4μF; 24×10^{-5} C; 30 V; 24×10^{-5} C

7 – Determinar: C_t $C_1 = 40μF$

Q_t $C_2 = 60\mu F$
$C_3 = 60\mu F$
$C_4 = 60\mu F$
$C_5 = 40\mu F$
$C_6 = 40\mu F$

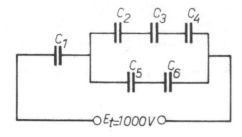

FIG. IX-11

R.: $20\mu F$; 2×10^{-2} C

8 – No circuito abaixo, determinar a carga total e a capacitância total.

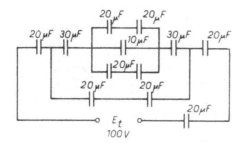

FIG. IX-12

R.: 5×10^{-4} C; $5\mu F$

9 – Um capacitor de 20 microfarads é carregado com uma fonte de 60 V, de corrente contínua. Após ter sido desligado da fonte, é ligado imediatamente aos terminais de um capacitor (sem carga) de 5 microfarads. Calcular: a) a d.d.p. entre os terminais dos dois capacitores em paralelo; b) a carga de cada capacitor.

R.: 48 V; 96×10^{-5} C; 24×10^{-5} C

10 – Determinar:
- E_t
- Q_t
- C_t
- Tensão entre as placas do capacitor de $5\mu F$

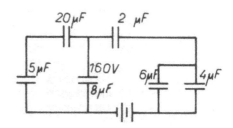

FIG. IX-13

R.: 1.370 V; 192×10^{-5} C; $1,4\mu F$; 128 V

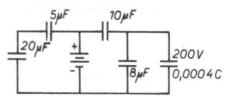

FIG. IX-14

11 – Determinar: (Fig. IX-14)

Fundamentos de Eletrotécnica 59

– E_t
– Q_t
– C_t
– Carga no capacitor de 5µF

R.: 400 V; 36 × 10⁻⁴ C; 9 × 10⁻⁶ F; 16 × 10⁻⁴ C

12 – No circuito da Fig. IX-15, determinar a tensão total, a carga total, a capacitância total e a carga no capacitor de 3 microfarads.

R.: 500 V; 0,002 8 C; 5,6µF; 0,000 3 C

13 – Um capacitor de 1.000 microfarads é carregado até que entre suas placas se estabelece uma d. d. p. de 200 V. Se o capacitor for descarregado em 1/1.000 segundo, qual será o valor médio da corrente durante a descarga?

R.: 200 A

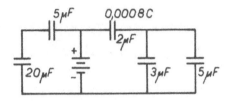

FIG. IX-15

CAPÍTULO X

TEORIA DOS DOMÍNIOS MAGNÉTICOS. GRANDEZAS MAGNÉTICAS FUNDAMENTAIS

Magnetismo

O magnetismo é uma forma de energia apresentada apenas por alguns materiais, tais como ferro, aço, compostos de ferro, ligas especiais, níquel e cobalto.

Entre outras propriedades, os corpos com magnetismo apresentam a de atrair outros corpos. Nota-se, entretanto, que só os corpos feitos com os materiais citados no parágrafo anterior podem ser atraídos.

Os corpos que possuem magnetismo são denominados ÍMÃS. Os ímãs são normalmente produzidos pelo homem (ÍMÃS ARTIFICIAIS); há, porém, o ÍMÃ NATURAL, um composto de ferro conhecido pelo nome de MAGNETITA, encontrado com relativa facilidade na natureza. Quando se faz um corpo adquirir propriedades magnéticas, ele pode perdê-las em pouco tempo ou conservá-las por toda a sua existência. No primeiro caso temos um ÍMÃ TEMPORÁRIO e no segundo caso um ÍMÃ PERMANENTE. Um ímã natural é permanente.

Várias teorias têm sido apresentadas para explicar o magnetismo, entre as quais destacamos a de WEBER--EWING (TEORIA DOS ÍMÃS MOLECULARES) e a dos DOMÍNIOS MAGNÉTICOS, esta última mais moderna e mais completa.

A teoria dos ímãs moleculares diz que as moléculas das substâncias magnéticas (as que podem apresentar propriedades magnéticas) são pequenos ímãs, cujos efeitos não podem ser apreciados porque estão dispostos no corpo de tal forma que suas ações se anulam mutuamente. A imantação de um corpo consiste em "arrumar" os ímãs moleculares de modo que suas ações se somem. Esta teoria, com o conhecimento atual da constituição da matéria, cedeu lugar a novas idéias.

A teoria dos domínios magnéticos baseia-se no fato de que os fenômenos magnéticos resultam do movimento de cargas elétricas. É fato comprovado e de grande aplicação que uma carga elétrica em movimento apresenta não só um campo elétrico como também, e principalmente, propriedades magnéticas; convém ressaltar que as propriedades magnéticas só são observadas quando a carga está em movimento, ao passo que o campo elétrico existe também quando ela está em repouso.

Conhecendo o fato acima e sabendo que os elétrons dos átomos de um corpo estão sempre em movimento ("spin" e movimento em suas órbitas), o homem

Fundamentos de Eletrotécnica   61

concluiu que todos os elétrons de um corpo têm propriedades magnéticas (são ímãs pequeníssimos).

Mas esta conclusão não contraria o que foi afirmado no primeiro parágrafo? Se todos os corpos apresentam elétrons em movimento, todos têm, propriedades magnéticas?

A resposta é NÃO para as duas perguntas. Sabe-se que quando duas cargas elétricas iguais movimentam-se em sentidos opostos os seus efeitos magnéticos se anulam. Sabe-se também que os elétrons dos átomos constituem dois grupos que giram em sentidos opostos. Quando esses dois grupos são iguais (em número de elétrons), as propriedades magnéticas dos átomos são nulas, fato que ocorre com a maioria das substâncias. Quando os grupos são quantidades de elétrons diferentes, há o predomínio de um deles, e os átomos são minúsculos ímãs; isto é o que ocorre com os materiais a que nos referimos no início do capítulo e que são chamados MATERIAIS MAGNÉTICOS.

Os átomos com propriedades magnéticas reúnem-se em grupos de aproximadamente 10^{15} unidades, constituindo DOMÍNIOS MAGNÉTICOS. Um pedaço de ferro, por exemplo, é formado por domínios. Observa-se, entretanto, que os efeitos dos domínios não se somam, como acontece com os efeitos dos átomos que os constituem, e, em verdade, praticamente se anulam. É por este motivo que normalmente um corpo de material magnético não é um ímã. Este fato é conseqüência da má disposição dos domínios, cujas ações estão em oposição, fazendo com que o corpo, como um todo, não apresente qualidades magnéticas.

É possível, porém, dar nova disposição aos domínios, que resulte numa ajuda mútua por parte desses grupos de átomos, produzindo-se então um ímã. Fazer um corpo apresentar propriedades magnéticas, ou IMANTÁ-LO (ou ainda MAGNETIZÁ-LO), é, portanto, orientar os seus domínios de modo que somem suas ações magnéticas.

Campo Magnético

Qualquer região ou matéria em que são observados efeitos magnéticos é um campo magnético.

Pode-se tomar conhecimento de um campo magnético com auxílio de uma bússola (agulha magnética) ou de um fio conduzindo corrente elétrica. Quando o campo existe, age uma força sobre a agulha magnética, forçando-a a mudar de posição. No caso do fio, o campo magnético atua sobre as cargas em movimento no mesmo, obrigando-as a mudar de direção, o que, por sua vez, provoca o deslocamento do fio.

Para representar graficamente um campo magnético, dando uma idéia de sua grandeza em diferentes pontos, bem como da sua forma (que dependerá da forma do corpo magnetizado), usamos linhas que são chamadas LINHAS DE FORÇA. Estas linhas são traçadas de tal modo que indicam as ações do campo sobre corpos magnéticos nele colocados.

Magnetismo Terrestre

A Terra é um gigantesco (porém relativamente muito fraco) ímã. A ação do seu campo magnético sobre pequenas agulhas imantadas que giram livremente sobre eixos (as bússolas) permite um traçado da sua forma e o conhecimento da sua direção e do seu sentido.

Quando o campo magnético da Terra age sobre uma bússola, os extremos desta ficam apontados aproximadamente para os pólos norte e sul geográficos, e por este motivo são chamados respectivamente de pólo norte e pólo sul. Este fato pode ocorrer com qualquer ímã em barra que possa mover-se livremente; daí a designação de pólo norte e sul dada às extremidades desses ímãs (e, por semelhança de efeitos, a outros de formas diferentes), onde o seu magnetismo torna-se mais aparente.

A ação do campo magnético terrestre sobre a bússola não se faz sentir apenas no plano horizontal, fazendo-a deslocar-se para estacionar na direção norte-sul da Terra. Verifica-se também que a bússola apresenta uma inclinação em relação à horizontal do lugar em que está situada, dando-se ao ângulo em apreço a denominação de INCLINAÇÃO MAGNÉTICA.

A direção norte-sul verdadeira não corresponde perfeitamente à indicada por uma bússola. O ângulo formado pelas duas direções é a DECLINAÇÃO MAGNÉTICA.

Atração e Repulsão entre Ímãs

Quando lidamos com ímãs, notamos que quando seus campos magnéticos são colocados em oposição se repelem, e quando os campos se somam há atração entre os ímãs; em outras palavras, pólos de nomes iguais se repelem e pólos de nomes diferentes se atraem.

Grandezas Magnéticas Fundamentais

Força Magnetomotriz (F)

OERSTED foi o primeiro homem a observar que uma corrente elétrica pode dar origem ao magnetismo, mostrando que há estreita ligação entre magnetismo e eletricidade. Sua experiência foi simples: fazendo passar uma corrente por um condutor, pôde notar que isto provocava o deslocamento de uma bússola próxima do mesmo, e que o sentido e a intensidade do movimento da bússola estavam relacionados com o sentido e a intensidade da corrente elétrica.

Hoje utilizamos normalmente a corrente elétrica para produzir campos magnéticos.

Chamamos de FORÇA MAGNE-TOMOTRIZ (f. m. m.) à causa do aparecimento de um campo magnético. No condutor percorrido pela corrente elétrica, a força magnetomotriz é a própria corrente

$$F = I$$

e sua unidade é também o AMPÈRE.

Observa-se, porém, que quando o condutor é enrolado em forma de bobina (ou SOLENÓIDE), isto é, em forma helicoidal ou semelhante, os efeitos do campo magnético tornam-se "N" vezes mais fortes, conforme o número de VOLTAS ou ESPIRAS descritas pelo mesmo, o que nos permite dizer que a força magnetomotriz é então

$$F = N\,I$$

N = número de espiras

Neste caso, a unidade de força magnetomotriz pode ser denominada AMPÈRE-ESPIRA, porém usa-se o símbolo (A).

Força Magnetizante (H) ou Intensidade de Campo Magnético

A força magnetizante em um ponto qualquer próximo do condutor que conduz corrente depende diretamente da intensidade da corrente que produz o campo magnético e é inversamente proporcional ao comprimento do "caminho" magnético que está sendo considerado (caminho representado por uma linha de força):

$$H = \frac{I}{l}$$

I = intensidade da corrente, em AM-PÈRES (A)

l = comprimento, em METROS (m)

No caso de uma bobina, como é evidente,

$$H = \frac{NI}{l}$$

Concluiu-se, das relações acima, que

$$H = \frac{F}{l}$$

A unidade de força magnetizante ou intensidade de campo magnético é o AMPÈRE/METRO (A/m).

O campo magnético em torno de um condutor de seção circular é também circular e pode ser representado por linhas de força circulares. O comprimento a que se referem as expressões acima é então o comprimento de uma circunferência, ou

$$l = 2\pi^r$$

donde

$$H = \frac{I}{2\pi r}$$

ou

$$H = \frac{NI}{2\pi r}$$

Fluxo Magnético (ϕ)

É o número de linhas usadas na representação de um campo magnético. A unidade de fluxo é o WEBER (Wb). Quando um condutor é submetido a um campo magnético e este é feito variar do valor máximo a zero, no tempo de um segundo, provocando o aparecimento de uma d. d. p. de 1 VOLT entre os terminais do condutor, dizemos que o fluxo máximo é de 1 WEBER. (Ver Capítulo XI.)

Densidade de Fluxo Magnético ou Indução Magnética (β)

Trata-se do número de linhas de força que "atravessam" uma seção do campo de área unitária:

$$\beta = \frac{\phi}{S}$$

A unidade de densidade de fluxo magnético é o TESLA (T).

Outro conceito será visto posteriormente, relativo à ação que um campo exerce sobre uma carga em movimento no mesmo.

Permeabilidade (μ)

A permeabilidade exprime a facilidade que um determinado meio, com dimensões (comprimento e área de seção transversal) unitárias, oferece ao estabelecimento de um campo magnético. Esta grandeza é expressa pela relação

$$\mu = \frac{\beta}{H}$$

que é constante em meios não-magnéticos, porém apresenta variações em meios magnéticos.

Quando um campo magnético é estabelecido no vácuo, a relação em apreço é igual a

$$4\pi \cdot 10^{-7}$$

valor que é conhecido como PERMEABILIDADE DO VÁCUO, sendo designada como μ_0.

As permeabilidades dos outros

meios são sempre comparadas com a do vácuo, e os números resultantes dessas comparações são as PERMEABILIDA-DES RELATIVAS (μ_r) dos mesmos.

Do exposto conclui-se que

$$\mu_r = \frac{\mu}{\mu_0} \quad e \quad \mu = \mu_0 \, \mu_r$$

μ = permeabilidade de um material qualquer

μ_0 = permeabilidade do vácuo (4π x 10^{-7})

μ_r = permeabilidade relativa do material

A permeabilidade de um material qualquer (μ) e a permeabilidade do vácuo são dadas em uma unidade conhecida como HENRY/METRO (H/m); a permeabilidade relativa de um material qualquer é apenas um número que exprime a relação entre as duas primeiras, não sendo acompanhado de unidade.

Permeância (P) e Relutância (R)

Permeância é a facilidade que um meio qualquer oferece ao estabelecimento de um campo magnético.

Esta grandeza depende

a) diretamente da permeabilidade do meio em que está sendo criado o campo magnético;

b) diretamente da área da seção transversal do corpo em que está sendo criado o campo;

c) inversamente do comprimento do corpo (ou região) em que está sendo criado o campo

$$P = \frac{\mu S}{l}$$

Relutância é o inverso da permeân-

cia; corresponde à dificuldade oferecida pelo meio ao estabelecimento de um campo magnético:

$$R = \frac{1}{P} = \frac{l}{\mu S}$$

"Lei de Ohm" para Magnetismo

A permeabilidade de um material magnético não é constante. A dos materiais não-magnéticos é considerada constante, e assim é possível determinar o fluxo que será estabelecido nos mesmos por uma determinada força magnetomotriz, desde que se conheça sua relutância. Nestes materiais verifica-se que

"O FLUXO MAGNÉTICO PRODU-ZIDO É DIRETAMENTE PROPOR-CIONAL À FORÇA MAGNETO-MOTRIZ E INVERSAMENTE PRO-PORCIONAL À RELUTÂNCIA".

$$\phi = \frac{F}{R}$$

Este enunciado é conhecido como "Lei de Ohm" para magnetismo, dada sua semelhança com a Lei de Ohm já estudada.

Como nos materiais magnéticos a relutância não é constante, e depende da força magnetomotriz, esta relação não pode ser usada para prever o fluxo que será produzido por uma determinada f. m. m., ficando sua aplicação restrita à determinação do fluxo provocado por uma certa força magnetomotriz quando é conhecida a relutância correspondente.

Unidades de Relutância e de Permeância

Fundamentos de Eletrotécnica

Da relação que existe entre a força magnetomotriz, o fluxo magnético e a relutância, concluímos que esta última grandeza pode ser expressa em AMPÈRES-ESPIRAS/WEBER (A/Wb).

A unidade de permeância é, então, por definição, o WEBER/AMPÈRE-ESPIRA (Wb/A).

Métodos para Imantação

Para que os domínios magnéticos de um corpo sejam orientados, é necessário submetê-los a um campo magnético suficientemente forte para provocar o deslocamento dos mesmos.

Para tanto pode ser usado o campo magnético de um corpo imantado ou o campo produzido numa bobina (ou mesmo num condutor) pela passagem de uma corrente elétrica.

O grau de imantação adquirida pelo corpo depende do número de domínios orientados e, evidentemente, será conseguido o máximo de imantação quando todos os domínios estiverem orientados. Esta última condição corresponde à SATURAÇÃO MAGNÉTICA do material.

EXEMPLOS:

1 – O núcleo de um solenóide é um cilindro de bronze com 10 centímetros de comprimento e 2 centímetros de diâmetro. Qual é sua relutância?

SOLUÇÃO:

$l = 10$ cm $= 0,1$ m
$d = 2$ cm $= 0,02$ m   r $= 0,01$ m
$S = \pi r^2 = 3,14 \times 0,01^2 = 314 \times 10^{-6}$ m^2

$$R = \frac{l}{\mu S}$$

Como o núcleo é feito de material não-magnético, e a permeabilidade relativa dos materiais não-magnéticos é considerada igual a 1,

$\mu = \mu_0 \, \mu_r = 4 \, \pi \times 10^{-7} \times 1 =$
$= 4\pi \times 10^{-7}$ H/m

e

$$R = \frac{10^{-1}}{12,56 \times 10^{-7} \times 314 \times 10^{-6}} =$$
$$= 2 \times 10^8 \text{A/Wb}$$

2 – Numa bobina com relutância de 20 A/Wb deseja-se obter uma densidade de fluxo de 1 tesla. Sabendo que ela é constituída por 500 espiras, qual a força magnetomotriz que deverá existir e qual a corrente magnetizante? A seção da bobina é de 20 cm^2.

SOLUÇÃO:

20 cm^2 = 0,002 m^2

$$\beta = \frac{\phi}{S} \therefore \phi = \beta S = 0,002 \text{ Wb}$$

$$F = \phi \, R = 0,002 \times 20 = 0,04 \text{ A}$$

$$F = NI \therefore I = \frac{F}{N}$$

$$I = \frac{4 \times 10^{-2}}{5 \times 10^2} = 8 \times 10^{-5} \text{A}$$

3 – Quantas espiras de fio constituem um solenóide, se a corrente que o percorre produz um fluxo total de 80 quilolinhas em um circuito magnético cuja relutância é de 0,005 ampère-espira por linha? A corrente é de 2 A.

SOLUÇÃO:

$\phi = 80$ quilolinhas = 80.000 linhas = 0,0008 Wb (UM WEBER CORRESPONDE A 10^8 LINHAS)

$R = 0,005$ A/linha = 500.000 A/Wb
$F = \phi \, R = 8 \times 10^{-4} \times 5 \times 105 = 400$ A
$F = N \, I$

$$N = \frac{F}{I} = \frac{400}{2} = 200 \text{ espiras}$$

Sentido do Campo em Torno de um Condutor que Conduz Corrente

A direção e o sentido de um campo magnético qualquer são, por convenção, a direção e o sentido indicados, respectivamente, pelo eixo longitudinal e pela extremidade "NORTE" da agulha imantada de uma bússola colocada no mesmo. É possível, portanto, fazer o desenho de um campo, com auxílio de linhas de força, indicando ao mesmo tempo o modo como o ímã atua sobre outros corpos colocados em suas proximidades.

CAMPO MAGNÉTICO DE UMA ESPIRA

FIG. X-2

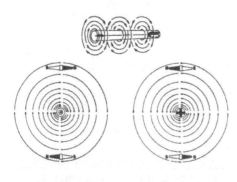

CAMPO MAGNÉTICO EM TORNO DE UM CONDUTOR DE SEÇÃO CIRCULAR PERCORRIDO POR UMA CORRENTE ELÉTRICA. A FLECHA NO INTERIOR DO CONDUTOR INDICA O SENTIDO DO MOVIMENTO DOS ELÉTRONS

FIG. X-1

Entretanto, nem sempre se dispõe de bússolas ou quaisquer dispositivos que possam ser utilizados para determinar o sentido de um campo. Por este motivo, o homem procurou modos práticos que permitissem atingir esse objetivo.

No caso de um condutor percorrido por uma corrente elétrica, as próprias mãos servem para tal fim. Basta que se suponha estar segurando o condutor com uma das mãos, de tal modo que o dedo polegar indique o sentido da corrente no mesmo; os outros dedos indicam o sentido do campo em torno do condutor.

Na aplicação desta regra prática é necessário apenas observar que a mão esquerda deve ser usada quando se trabalha com o sentido eletrônico da corrente, e a mão direita quando se considera o sentido convencional.

Sentido do Campo Produzido por uma Bobina Helicoidal

Verifica-se experimentalmente que o campo magnético produzido por uma corrente elétrica, numa bobina deste tipo, é semelhante ao de um ímã em barra. Observa-se também que nas extremidades da bobina os efeitos do campo são mais aparentes, como ocorre nos extremos do ímã em barra, dando a mesma idéia de pólos. Realmente, a bobina age sobre um ímã

Fundamentos de Eletrotécnica

colocado perto dela, do mesmo modo que agiria um ímã em barra, e podem ser observadas as mesmas ações entre pólos; isto permite que as extremidades da bobina possam ser designadas como "NORTE" e "SUL".

Também neste caso é possível determinar o sentido do campo com ajuda das mãos. Basta que se suponha estar segurando a bobina com uma das mãos, de modo que os dedos (com exceção do polegar) indiquem o sentido da corrente nas espiras; o dedo polegar indica, então, a extremidade "NORTE" da bobina. Deverá ser usada a mão esquerda quando se trabalhar com o sentido eletrônico da corrente e a mão direita com o sentido convencional.

de modo irregular, sob a forma de linhas, originando figuras que variam de conformidade com o ímã utilizado na experiência.

A explicação para este fato é simples. Cada pedacinho de ferro é transformado num pequeno ímã ao ser submetido ao campo magnético, e naturalmente ocorrem ações (atração e repulsão) entre os pequenos ímãs e o ímã cujo espectro está sendo obtido. Acontece com os pedacinhos de ferro o mesmo que ocorreria com as agulhas de bússolas que fossem colocadas perto do ímã, as quais se orientariam de tal modo que, se seus extremos fossem unidos, formariam linhas de um pólo ao outro da bobina. Foram essas linhas que deram a Faraday a idéia de representar graficamente um campo magnético com linhas de força.

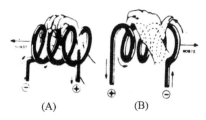

(A)   (B)

REGRA DA MÃO ESQUERDA PARA DETERMINAR O SENTIDO DO CAMPO MAGNÉTICO DE UMA BOBINA

FIG. X-3

Espectros Magnéticos

Os espectros magnéticos são figuras que dão uma idéia do campo magnético de um ímã ou de um conjunto de ímãs. São obtidos geralmente com auxílio de limalhas de ferro.

Para se conseguir um espectro magnético, basta colocar sobre um ímã uma folha de papel ou uma lâmina de vidro (não há isolante para o magnetismo) e espalhar a limalha uniformemente sobre o papel ou o vidro. As aparas de ferro, ao caírem sobre o material que cobre o ímã, se movimentam e se distribuem

ESPECTROS MAGNÉTICOS

FIG. X-4

PROBLEMAS

GRANDEZAS MAGNÉTICAS FUNDAMENTAIS

1 – Qual é a relutância de um circuito magnético em que um fluxo total de 2 webers é criado por uma corrente de 5 ampères que flui em um solenóide com 200 espiras?

R.: 500 A/Wb

2 – Que corrente deve passar por um solenóide de 500 espiras para produzir

um fluxo total de 1,2 weber em um circuito magnético cuja relutância é de 200 ampères-espiras por weber?

R.: 480 mA

3 – Calcular a força magnetomotriz necessária para produzir um fluxo de 0,015 Wb em um entreferro de 0,00254 m de comprimento, com uma seção efetiva de $0,019 \text{ m}^2$

R.: 1.500 A

4 – Uma força magnetizante de 2.000 A/m produz uma densidade de fluxo de 1 tesla em um certo tipo de ferro. Qual é sua permeabilidade com esta densidade de fluxo?

R.: 0,0005 H/m

5 – Uma bobina de fio, com 8 cm de comprimento, é enrolada em uma peça de madeira com 0,5 cm de diâmetro. Se a bobina tem 500 espiras, que corrente deve percorrê-la para estabelecer no centro da mesma um fluxo de 0,5 microweber?

R.: 3,25 A

6 – Uma bobina de 200 espiras é enrolada uniformemente sobre um anel de madeira com uma circunferência média de 60 cm e uma seção transversal uniforme de 5 cm^2. Sabendo que a corrente que passa pela bobina é de 4 A, calcular: a) a força magnetizante, b) a densidade de fluxo e c) o fluxo total.

R.: 1.333 A/m; 1.675 μ T; 0,837 μWb

CAPÍTULO XI

FORÇA ELETROMOTRIZ INDUZIDA. LEI DE LENZ

Se um condutor fosse submetido a um campo magnético variável (onde todos os pontos apresentam intensidade de campo variável), entre seus extremos poderia aparecer uma diferença de potencial que, no caso, é conhecida como FORÇA ELETROMOTRIZ INDUZIDA; o fenômeno em questão é chamado de INDUÇÃO ELETRO-MAGNÉTICA.

Também poderia ser produzida uma força eletromotriz induzida num condutor, se o mesmo fosse aproximado ou afastado de um ímã (introduzido ou retirado do campo magnético do ímã). Teríamos ainda o mesmo efeito, se o condutor fosse mantido em repouso e o ímã dele se aproximasse ou se afastasse.

As três situações a que nos referimos apresentam uma coisa em comum: PARA O CONDUTOR, ESTÁ SEMPRE HAVENDO UMA VARIAÇÃO DE FLUXO. Realmente esta é a condição para que se produza uma força eletromotriz induzida, isto é, É NECESSÁRIO QUE EXISTA MOVIMENTO RELATIVO ENTRE O CONDUTOR E O CAMPO MAGNÉTICO.

Mas, que acontece no condutor, produzindo a d. d. p.?

Sabemos que elétrons em movimento são minúsculos ímãs. Num material condutor os elétrons livres existem em grande quantidade e estão normalmente em movimento desordenado. Quando o condutor é submetido ao campo magnético, nas condições citadas nos primeiros parágrafos, o campo atua sobre os elétrons (não esquecer que são ímãs) obrigando-os a se deslocarem para uma das extremidades do condutor, estabelecendo-se deste modo uma d. d. p.

Lei de Lenz

Faraday foi o primeiro homem a produzir uma força eletromotriz induzida e a determinar seu valor, porém a determinação do seu sentido é devida a Lenz. Após estudar o fenômeno, Lenz apresentou a conclusão que se segue, conhecida como LEI DE LENZ:

"O SENTIDO DE UMA FORÇA ELETROMOTRIZ INDUZIDA É TAL QUE ELA SE OPÕE, PELOS SEUS EFEITOS, À CAUSA QUE A PRODUZIU".

Conclui-se que é geralmente necessário conhecer a direção e o sentido do campo, que, por convenção, correspondem à direção e ao sentido indicados respectivamente pelo eixo longitudinal e pela extremidade "NORTE" da agulha imantada de uma bússola colocada no mesmo.

Para tornar mais prática a determinação do sentido de uma força eletromotriz induzida, existem as regras da mão esquerda e da mão direita, resultantes da observação repetida do fenômeno em estudo.

A regra da mão esquerda consiste na utilização dos dedos indicador, polegar e médio da mão esquerda, como se fossem as arestas de um cubo que saem do mesmo vértice. Se o indicador apontar o sentido do campo e o polegar indicar o sentido do movimento do condutor (movimento relativo), o dedo médio mostrará o sentido do deslocamento dos elétrons livres no condutor, ou seja, indicará qual a extremidade do condutor que ficará com excesso de elétrons (terminal negativo).

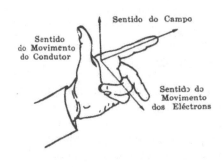

REGRA DA MÃO ESQUERDA

FIG. XI-I

A regra da mão direita, também conhecida como REGRA DE FLEMING, é anterior à da mão esquerda. É, em princípio, a mesma regra; distingue-se pelos fatos de que utiliza a mão direita e refere-se ao sentido convencional. O dedo médio, portanto, aponta a extremidade do condutor onde há falta de elétrons (terminal positivo).

Cálculo da Força Eletromotriz Induzida

O valor médio da força eletromotriz induzida, quando o condutor é submetido a um campo magnético variável, é proporcional à rapidez com que o fluxo varia (razão de variação do fluxo magnético); esta é a LEI DE FARADAY, expressa pela relação

$$E = -\frac{\Delta\phi}{\Delta t}$$

E = força eletromotriz induzida (valor médio), em VOLTS (V)

$\Delta\phi$ = variação de fluxo magnético, em WEBERS (Wb)

Δt = tempo decorrido durante a variação de fluxo, em SEGUNDOS (s)

$\dfrac{\Delta\phi}{\Delta t}$ = razão de variação de fluxo

Observação: O sinal (–) indica que a f.e.m. induzida se opõe, pelos seus efeitos, à causa que a produziu.

Quando se trata de uma bobina submetida a um campo magnético variável, a tensão média induzida na mesma é obtida com a equação

$$E = -N\frac{\Delta\phi}{\Delta t}$$

N = número de espiras da bobina.

É importante ressaltar que a f.e.m. induzida depende na realidade da rapidez com que o fluxo magnético varia ($\Delta\phi/\Delta t$) e não propriamente do fluxo, pois um condutor em repouso submetido a um campo magnético constante não apresenta f. e. m. induzida.

Quando um condutor se movimenta num campo magnético, ou quando o ímã produtor do campo é aproximado ou afastado do condutor em repouso (ou ainda quando o ímã e o condutor se movi-

Fundamentos de Eletrotécnica

mentam com velocidades diferentes), a f. e. m. induzida depende diretamente da grandeza do campo, da velocidade com que o condutor se movimenta em relação ao campo e do comprimento da parte do condutor submetida ao campo:

$$e = \beta \, l \, v \, \text{sen} \, \alpha$$

e = valor instantâneo da f.e.m. induzida no condutor, em VOLTS (V).

β = densidade de fluxo magnético, em TESLAS (T).

l = comprimento da parte do condutor submetida ao campo magnético, em METROS (m)

v = valor da velocidade constante com que o condutor atravessa o campo magnético, em METROS POR SEGUNDO (m/s)

sen α = seno do ângulo formado pela direção do movimento do condutor com a direção do campo magnético.

NOTA: "v sen α" é, portanto, a componente da velocidade do condutor perpendicular à direção do campo.

A equação acima mostra que a força eletromotriz induzida é máxima quando o condutor "corta" o campo perpendicularmente (sen α = 1). Conclui-se também que não há tensão induzida quando o condutor se movimenta paralelamente à direção do campo (sen α = 0).

Quando o campo é produzido pela passagem da corrente elétrica num condutor ou numa bobina, ele é variado quando a intensidade da corrente é variada. Assim, a f. e. m. induzida produzida pela ação dessa campo é, evidentemente, proporcional à razão de variação da corrente elétrica.

EXEMPLO:

Uma corrente de 8 A, em uma bobina de 3.000 espiras, produz um fluxo de 0,004 Wb. Reduzindo essa corrente para 2 A, em 0,1 segundo, calcular a força eletromotriz média induzida na bobina, considerando o fluxo proporcional à corrente. Calcular também a relutância da bobina.

SOLUÇÃO:

$$\Delta I = 6 \, A \, (8 \, A \rightarrow 2 \, A)$$

Se "I" diminui 4 vezes, "ϕ" também diminui 4 vezes.

$\Delta \phi = 0,003 \, \text{Wb} \, (0,004 \, \text{Wb} \rightarrow 0,001 \, \text{Wb})$

$\Delta t = 0,1 \, s$

$$E = - \, N \frac{\Delta \phi}{\Delta t}$$

$$E = \frac{3 \times 10^{3} \times 3 \times 10^{-3}}{10^{-1}} = 90 \, V$$

$$R = \frac{F}{\phi} = \frac{N \, I}{\phi}$$

$$R = \frac{3 \times 10^{3} \times 8}{4 \times 10^{-3}} = 6 \times 10^{6} \, A/Wb$$

PROBLEMAS

FORÇA ELETROMOTRIZ INDUZIDA

1 – Uma bobina de 1.200 espiras está submetida a um fluxo magnético de 400 microwebers. Calcular o valor médio da força eletromotriz induzida

na bobina, quando o sentido do campo é invertido em 0,1 segundo.

R.: 9,6 V

2 – Calcular a força eletromotriz induzida no eixo de um carro que se move com uma velocidade de 17,9 m/s, sabendo que o comprimento do eixo é de 1,524 metros e que a componente vertical do campo magnético da Terra é de 40 microteslas.

R.: 1.090 microvolts

CAPÍTULO XII

AUTO-INDUTÂNCIA E INDUTÂNCIA MÚTUA

Indutância

Indutância é a propriedade que tem um corpo condutor de fazer aparecer em si mesmo ou noutro condutor uma força eletromotriz induzida.

Para que seja criada uma força eletromotriz induzida num condutor, é necessário, como já foi estudado, que o mesmo esteja submetido a um campo magnético variável. Portanto, a indutância de um corpo é uma propriedade que só se manifesta quando a corrente que passa pelo corpo varia de valor, o que produz um campo magnético variável, ao qual está submetido o próprio corpo ou um outro condutor.

Quando o corpo induz em si mesmo uma força eletromotriz, chamamos o fenômeno de AUTO-INDUÇÃO e dizemos que o corpo apresenta AUTO-INDUTÂNCIA. A força eletromotriz induzida neste caso é conhecida também como FORÇA ELETROMOTRIZ DE AUTO-INDUÇÃO ou FORÇA CONTRA-ELETROMOTRIZ (f. c. e. m.).

O outro caso de indutância é conhecido como INDUTÂNCIA MÚTUA, e o fenômeno é conhecido como INDUÇÃO MÚTUA. Sempre que dois condutores são colocados um próximo do outro, mas sem ligação entre eles, há o aparecimento de uma tensão induzida num deles, quando a corrente que passa pelo outro é variada. Este é o princípio de funcionamento de um dispositivo chamado TRANSFORMADOR, de grande aplicação em circuitos elétricos e eletrônicos, e que, na sua forma mais simples, é constituído por duas bobinas isoladas eletricamente, porém ligadas indutivamente, isto é, uma fica submetida ao campo magnético da outra. (Ver Capítulo XXVI.)

A indutância é uma propriedade de todos os condutores, podendo ser útil ou prejudicial; no segundo caso é necessário eliminar (ou pelo menos reduzir) os seus efeitos. Tal é o caso dos resistores de fio, cuja função é limitar a corrente no circuito pela ação SOMENTE de sua resistência, mas que, quando é percorrido por correntes variáveis, limita ainda mais a corrente, em conseqüência de sua indutância (auto-indutância). Como não é possível evitar a variação da corrente, procura-se anular o campo magnético produzido por ela, utilizando-se um fio dobrado ao meio para fazer o resistor, de modo que o sentido da corrente numa das metades é oposto ao sentido da corremte na outra, para que seus efeitos magnéticos se anulem. Um resistor deste tipo é conhecido como RESISTOR NÃO-INDUTIVO. (Fig. XII-1.)

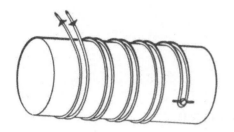

O SENTIDO DA CORRENTE NUMA DAS METADES É OPOSTO AO SENTIDO DA CORRENTE NA OUTRA

FIG. XII-1

Um corpo pode apresentar pequena ou grande indutância, conforme suas características físicas. Como unidades de indutância foi escolhido o HENRY (H).

Um corpo condutor tem uma auto-indutância de 1 HENRY, quando é capaz de produzir em si mesmo uma força eletromotriz induzida de 1 VOLT, sempre que é percorrido por uma corrente que varia na razão de 1 AMPÈRE POR SEGUNDO.

Dois condutores apresentam uma indutância mútua de 1 HENRY, quando uma força eletromotriz de 1 VOLT é induzida em um deles, em conseqüência da variação de corrente no outro, na razão de 1 AMPÈRE POR SEGUNDO.

Dois submúltiplos do Henry são usados comumente:

MILIHENRY (mH) = 0,001 H
MICROHENRY (mH) = 0,000.001 H

Cálculo do Coeficiente de Auto-Indutância

O número que exprime a possibilidade que um corpo condutor tem de induzir em si mesmo uma força eletromotriz é o COEFICIENTE DE AUTO-INDUTÂNCIA desse corpo. A mesma variação de corrente em vários corpos condutores poderá produzir tensões induzidas de valores diferentes nos mesmos, conforme o coeficiente de auto-indutância de cada um.

É fácil concluir que o valor médio da força eletromotriz induzida por auto-indução é

$$E = -L\frac{\Delta i}{\Delta t}$$

E = valor médio da força eletromotriz induzida, em VOLTS (V)

L = coeficiente de auto-indutância, em HENRYS (H)

Δi = variação da corrente no condutor, em AMPÈRES (A)

Δt = tempo decorrido durante a variação da corrente, em SEGUNDOS (s)

$\frac{\Delta i}{\Delta t}$ = razão de variação da corrente (rapidez com que a corrente varia, em AMPÈRES/SEGUNDOS (A/s)

Da expressão acima podemos concluir que

$$L = \frac{E}{\Delta i/\Delta t}$$

Mas

$$E = \Delta\phi/\Delta t$$

logo

$$L = \frac{\Delta\phi/\Delta t}{\Delta i/\Delta t}$$

Fundamentos de Eletrotécnica

donde

$$L = \frac{\Delta\phi}{\Delta i} \quad \text{(num condutor)}$$

$$L = N\frac{\Delta\phi}{\Delta i} \quad \text{(numa bobina com "N" espiras)}$$

Fatores que Determinam a Auto-Indutância de uma Bobina

Quando uma bobina é utilizada como componente de um circuito, quase sempre está se fazendo uso de sua indutância; é por este motivo que é chamada comumente de INDUTOR ou mesmo INDUTÂNCIA.

O coeficiente de auto-indutância de uma bobina depende do quadrado do número de espiras e da relutância do meio em que é criado o campo magnético da mesma. Isto pode ser verificado pelas conclusões abaixo.

Sabemos que

$$E = N\frac{\Delta\phi}{\Delta t}$$

e que

$$\phi = \frac{F}{R}$$

ou

$$\phi = \frac{NI}{R}$$

Dividindo os dois membros da equação por "t",

$$\frac{\phi}{t} = \frac{N}{R} \cdot \frac{I}{t}$$

donde

$$\frac{\Delta\phi}{\Delta t} = \frac{N}{R} \cdot \frac{\Delta i}{\Delta t}$$

Substituindo na 1ª equação,

$$E = \frac{N^2}{R} \cdot \frac{\Delta i}{\Delta t}$$

mas

$$E = L\frac{\Delta i}{\Delta t}$$

donde

$$L = \frac{E}{\Delta i/\Delta t}$$

Substituindo "E" pelo seu valor na antepenúltima equação,

$$L = \frac{\left(N^2/R\right)\left(\Delta i/\Delta t\right)}{\Delta i/\Delta t} = \frac{N^2}{R}$$

temos a confirmação do que foi afirmado acima.

Substituindo a relutância pelo seu valor $l/\mu S$, temos

$$L = \frac{\mu N^2 S}{l}$$

L = coeficiente de auto-indutância, em HENRYS (H)

N = número de espiras da bobina

μ = permeabilidade do meio em que é criado o campo magnético, em HENRYS/METRO (H/m)

Observação: o exame da última equação explica por que a permeabilidade é dada em HENRYS/METRO (H/m).

S = seção transversal do circuito magnético (assunto que será desenvolvido em outro capítulo) em METROS QUADRADOS (m2)

l = comprimento do circuito magnético da bobina, em METROS (m)

A equação acima é razoavelmente precisa para bobinas com núcleos de ferro e toróides, em que a perda de fluxo é muito pequena, isto é, quando admitimos que TODO o fluxo está sendo aproveitado por TODAS as espiras. Para bobinas longas com núcleos de ar foram elaboradas fórmulas empíricas, encontradas em manuais de consulta.

Coeficiente de Indutância Mútua

O número que exprime a possibilidade que um condutor tem de induzir em outro uma força eletromotriz é o coeficiente de indutância mútua do par de condutores.

Vimos que existe uma indutância mútua de 1 HENRY entre dois condutores, quando é induzida uma força eletromotriz de 1 VOLT em um deles, sempre que a corrente no outro varia na razão de 1 AMPÈRE POR SEGUNDO. Isto permite-nos escrever que o valor médio da força eletromotriz induzida por indução mútua é

$$E = -M \frac{\Delta i}{\Delta t}$$

E = valor médio da força eletromotriz induzida por indução mútua, em VOLTS (V)

M = coeficiente de indutância mútua, em HENRYS (H)

Δi = variação de corrente no condutor que produz o campo

Δt = tempo decorrido durante a variação de corrente, em SEGUNDOS (s)

$\dfrac{\Delta i}{\Delta t}$ = razão de variação da corrente, em AMPÈRES POR SEGUNDO (A/s)

Cálculo da Indutância Mútua entre Duas Bobinas

Suponhamos que uma corrente "I" esteja produzindo um fluxo "φ" na bobina "A" (Fig. XII-2), e que essa corrente seja variada do seu valor máximo (I) a zero. Isso fará com que o fluxo magnético também varie do seu valor máximo (φ) a zero, produzindo uma força eletromotriz induzida na bobina "B", cujo valor será

$$E_B = -N_B \frac{\phi_A}{t}$$

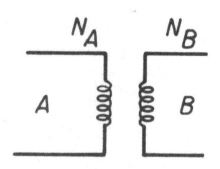

N_A = N° DE ESPIRAS DA BOBINA "A"
N_B = N° DE ESPIRAS DA BOBINA "B"

FIG. XII-2

t = tempo decorrido durante a variação da corrente.

Sabemos que

$$H = \frac{NI}{l}$$

e que

$$\beta = \mu H = \mu \frac{NI}{l}$$

$$\phi = \beta S = \frac{\mu N S I}{l}$$

Portanto, podemos escrever que

$$\phi_A = \frac{\mu N_A S I_A}{l}$$

e

$$E_B = \frac{\mu N_A N_B S}{l} \cdot \frac{I_A}{t}$$

Esta expressão mostra que a força eletromotriz induzida em "B" depende da rapidez com que a corrente varia em "A" e do termo

$$\frac{\mu N_A N_B S}{l}$$

que corresponde ao coeficiente de indutância mútua (M) entre as duas bobinas:

$$M = \frac{\mu N_A N_B S}{l}$$

Coeficiente de Acoplamento

A indutância mútua entre duas bobinas (ou dois circuitos) depende da auto-indutância de cada bobina, como veremos a seguir, e da fração do fluxo magnético (produzido por uma delas) que é aproveitada pela outra.

Chamamos de COEFICIENTE DE ACOPLAMENTO (K) à percentagem do fluxo produzido por uma das bobinas que é aproveitada pela outra, isto é, que vai influir na produção de uma força eletromotriz induzida na outra.

O acoplamento magnético (ligação entre dois circuitos por meio de um campo magnético) depende da distância entre as duas bobinas e da posição de uma em relação à outra. O coeficiente de acoplamento é sempre menor que 1 (100%) e pode ser nulo (se uma bobina não estiver submetida ao campo magnético da outra ou se o enrolamento estiver colocado em ângulo reto com a direção do campo na bobina indutora – a que produz o campo).

Se elevarmos ao quadrado a expressão

$$M = \frac{\mu N_A N_B S}{l}$$

teremos

$$M^2 = \frac{\mu^2 N_A{}^2 N_B{}^2 S^2}{l^2}$$

$$M^2 = \frac{\mu N_A{}^2 S}{l} \cdot \frac{\mu N_B{}^2 S}{l}$$

$$M^2 = L_A L_B$$

$$M = \sqrt{L_A L_B}$$

Esta última expressão permite o cálculo da indutância entre as bobinas com acoplamento ideal, isto é, 100%.

Para casos normais, a expressão toma a seguinte forma:

$$M = K \sqrt{L_A L_B}$$

Associação de Indutâncias

A associação de indutores deve ser considerada sob dois aspectos: SEM INDUTÂNCIA MÚTUA E COM INDUTÂNCIA MUTUA.

Em qualquer dos dois casos, podemos associar as indutâncias EM SÉRIE ou EM PARALELO.

Na associação em série sem indutância mútua, as bobinas deverão estar dispostas de tal modo que o campo magnético de uma não possa induzir uma força eletromotriz nas outras. Como estarão em série, a mesma corrente fluirá em todas, e elas estarão sujeitas à mesma variação de corrente. A força contra-eletromotriz total no circuito série é

$$E_t = E_1 + E_2 + E_3 + ...$$

De acordo com o que já foi estudado,

$$L_t = \frac{E_t}{\Delta i / \Delta t} = \frac{E_1 + E + ...}{\Delta i / \Delta t} =$$

$$= \frac{E_1}{\Delta i / \Delta t} + \frac{E_2}{\Delta i / \Delta t} + ...$$

$$L_t = L_1 + L_2 + ...$$

Na associação em paralelo sem indutância mútua não haverá acoplamento magnético entre elas e a força contra-eletromotriz induzida será a mesma em todos os indutores. Cada braço do circuito apresentará uma razão de variação de corrente diferente (a não ser que todos os braços apresentem a mesma auto-indutância).

Do exposto,

$$L_t = \frac{E}{(\Delta I_1 + \Delta I_2 + ...) / \Delta t}$$

ou

$$\frac{1}{L_t} =$$

$$= \frac{(\Delta I_1 + \Delta I_2 + ...) / \Delta t}{E} =$$

$$= \frac{\Delta I_1}{E} + \frac{\Delta I_2}{E} + ...$$

$$\frac{1}{L_t} = \frac{1}{L_1} + \frac{1}{L_2} + ...$$

Na associação com indutância mútua, temos as seguintes expressões para cálculo da indutância total ou equivalente:

Em série

$$L_t = L_1 + L_2 \pm 2 M$$

O sinal (+) é usado quando as forças eletromotrizes induzidas mutuamente se somam às de auto-indução. O sinal (−) é usado quando as forças eletromotrizes induzidas mutuamente se opõem às de auto-indução.

Em paralelo

$$L_t = \frac{L_1 \, L_2 - M^2}{L_1 + L_2 \, m2M}$$

O sinal (−) é usado no denominador quando os indutores se ajudam mutuamente; o sinal (+) é usado quando estão em oposição.

EXEMPLOS:

1 – Em um anel de aço laminado são enroladas 200 espiras. Quando a corrente que percorre a bobina é reduzida de 7A para 5A, o fluxo cai

de 800 μWb para 760 μWb. Calcular a indutância da bobina nesta faixa de valores da corrente.

SOLUÇÃO:

$\Delta i = 7 - 5 = 2$ A

$\Delta \phi = 800 - 760 = 40 \ \mu$Wb $=$
$$= 4 \times 10^{-5} \text{ Wb}$$

$$L = N \frac{\Delta \phi}{\Delta i} = \frac{2 \times 10^2 \times 4 \times 10^{-5}}{2}$$

$L = 4 \times 10^{-3}$ H

2 – Qual o valor da tensão induzida em um circulo de indutância igual a 700 μH, se a corrente varia na razão de 5.000 A/s?

SOLUÇÃO:

$$E = -L \frac{\Delta i}{\Delta t}$$

$E = 7 \times 10^{-4} \times 5 \times 10^3 = 3,5$V

3 – Duas bobinas têm 0,3 H de indutância mútua. Se a corrente em uma bobina é variada de 5 A para 2 A em 0,4 segundo, calcular a força eletromotriz média induzida na outra bobina.

SOLUÇÃO:

$\Delta i = 5 - 2 = 3$ A

$$E = -M \frac{\Delta i}{\Delta t}$$

$$E = \frac{0,3 \times 3}{0,4} = 2,25\text{V}$$

PROBLEMAS

AUTO-INDUTÂNCIA E INDUTÂNCIA MÚTUA

1 – Se uma força eletromotriz de 5 V é induzida numa bobina, quando a corrente em uma bobina adjacente varia na razão de 80 A/s, qual a indutância mútua das duas bobinas?

R.: 0,062 5 H

2 – Duas bobinas de 250 e 100 microhenrys, respectivamente, são ligadas de modo que sua indutância mútua seja de 50 microhenrys. Qual a indutância total:
  a) quando estão em série (nos dois casos possíveis)?
  b) quando estão em paralelo (nos dois casos possíveis)?

R.: a) 450 μH; 250 μH
    b) 90 μH; 50 μH

3 – Um bastão de ferro de 2 cm de diâmetro e 20 cm de comprimento é curvado para formar um anel, no qual são enroladas 3.000 espiras de fio. Verifica-se que quando passa uma corrente de 0,5 A pela bobina a densidade de fluxo no ferro é de 0,5 tesla. Admitindo que não há perdas de fluxo, determinar a permeabilidade relativa do ferro e a indutância da bobina.

R.: 53; 0,94 H

4 – Em um núcleo de aço toroidal, com seção transversal de 1 cm^2 e comprimento médio de 10 cm, são enroladas 2.000 espiras de fio. A permeabilidade do núcleo é 1,25 $\times$ 10^{-3} H/m. Qual a indutância do conjunto?

R.: 5

5 – Um indutor de 2 H tem 1.200 espiras. Quantas espiras devem ser adicionadas ao mesmo, para que sua indutância fique igual a 3 H?

R.: 270 espiras

6 – Se considerarmos nulas as perdas de fluxo, qual a indutância aproximada de uma bobina com núcleo de ar, com 20 espiras, diâmetro interno de 2 cm e comprimento de 2 cm?

R.: 7,8 microhenrys

7 – Uma bobina de 800 espiras, enrolada em uma fôrma de madeira, é percorrida por uma corrente de 5 A que produz um fluxo de 200 microwebers. Calcular:

a) a indutância da bobina;

b) o valor médio da tensão induzida na bobina, quando o sentido da corrente é invertido em 0,2 segundo.

R.: 32 x 10^{-3} H; 1,6 V

8 – Calcular a f. e. m. média induzida numa bobina de 0,5 H, quando a corrente que a percorre é reduzida de 5 A para 2 A em 0,05 s.

R.: 30 V

9 – Num anel de ferro estão enroladas 300 espiras. Quando a corrente é aumentada de 2 a 2,8 ampères, o fluxo aumenta de 200 a 224 microwebers. Calcular a indutância da bobina nesta faixa de valores.

R.: 0,009 H

CAPÍTULO XIII

PRODUÇÃO DE UMA CORRENTE ALTERNADA SENOIDAL

No capítulo XI vimos que a força eletromotriz induzida num condutor que se movimenta num campo magnético é dada pela expressão

$$E = \beta \, l \, v \, \text{sen} \, \alpha$$

e que o valor máximo dessa f. e. m. é

$$E_{max} = \beta \, l \, v$$

Isto significa que a força eletromotriz induzida é máxima quando a direção do movimento do condutor é perpendicular à direção do campo. Quando a direção do movimento do condutor é paralela à direção do campo, não há força eletromotriz induzida.

Observemos a Fig. XIII-1, em que um condutor (do qual se vê apenas um dos extremos) se movimenta num campo magnético uniforme, com movimento circular uniforme.

Na figura, o condutor é apresentado em várias posições, para que possamos analisar a f. e. m. induzida em cada situação.

Na posição "A", a direção do movimento do condutor é paralela à direção do campo magnético (indicada pelas linhas interrompidas, da esquerda para a direita) e, portanto, não há f. e. m. induzida. O mesmo acontece na posição "E", onde apenas o sentido do movimento do condutor é diferente.

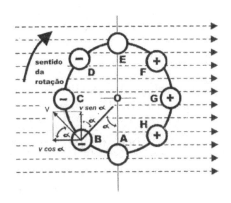

FIG. XIII-1

Na posição "B", a direção do movimento do condutor é dada pelo vetor "v", e forma o ângulo "α" com a direção do campo. O valor da f. e. m. induzida pode ser calculado com a equação acima citada:

$$E = \beta \, l \, v \, \text{sen} \, \alpha$$

Vê-se que a força eletromotriz produzida é a mesma que seria produzida por um condutor que se movimentasse de acordo com a direção indicada pelo vetor "v sen α". Ora, "v sen α" nada mais é que o valor da componente do vetor "v" (em qualquer posição) que é perpendicular à direção do campo.

Na posição "C", a f. e. m. induzida é máxima, pois o vetor "v" se confunde com a sua componente que é perpendicular ao campo magnético, ou, em outras palavras, o seno do ângulo "α" é igual a 1. O mesmo ocorre na posição "G", observado apenas o sentido oposto do movimento.

Nas posições "D", "F" e "H" a situação é semelhante à da posição "B".

Nas posições "B", "C", "D", "F", "G" e "H" foram colocados sinais indicando a situação elétrica do extremo do condutor que está sendo observado. Com auxílio da regra da mão esquerda (ou com a da mão direita) é fácil verificar a exatidão do que foi representado na gravura. TRATA-SE, COMO SE VÊ, DE UMA FORÇA ELETROMOTRIZ ALTERNADA, PORQUE OS EXTREMOS DO CONDUTOR MUDARÃO DE POLARIDADE CADA VEZ QUE MUDAR O SENTIDO DO MOVIMENTO DO CONDUTOR (CADA VEZ QUE COMPLETAR A METADE DA TRAJETÓRIA CIRCULAR).

O exame atento da figura mostra-nos que o ângulo formado pela direção do movimento do condutor com a direção do campo é igual ao ângulo descrito pelo condutor em seu movimento da posição "A" para a posição considerada. É muito mais conveniente considerar este novo ângulo, principalmente porque ele corresponde ao arco descrito pelo condutor. O valor desse arco ou desse ângulo é facilmente determinado, sendo conhecida a velocidade angular do condutor (w), e é igual a

$$\alpha = \omega\, t$$

Em face do exposto, a equação referente à f. e. m. induzida tem a forma abaixo:

$$e = \beta\, l\, v\, \text{sen}\, \omega\, t$$

ou

$$e = E_{max}\, \text{sen}\, \omega\, t$$

e = valor instantâneo da força eletromotriz induzida, em VOLTS (V)

O valor instantâneo da intensidade da corrente produzida por uma tensão como essa é, evidentemente, dado pela expressão

$$i = I_{max}\, \text{sen}\, \omega\, t$$

Verifica-se, do que foi estudado, que o valor da força eletromotriz induzida (ou da corrente por ela provocada) varia de acordo SOMENTE com a variação do seno do ângulo, pois o valor da densidade de fluxo magnético, o comprimento do condutor e a velocidade deste não variam.

Como poderia ser representada graficamente uma tensão ou corrente alternada produzida da maneira estudada?

Em face do exposto, nada melhor para isto do que uma SENÓIDE, isto é, a representação gráfica da variação do seno de um ângulo. (Fig. XIII-2.)

Uma tensão alternada que pode ser representada por uma senóide, como no caso que estamos estudando, é denominada TENSÃO ALTERNADA SENOIDAL.

A corrente produzida por uma tensão senoidal é uma CORRENTE ALTERNADA SENOIDAL.

O método em estudo não é o único para produção de tensões ou correntes senoidais, mas a sua apresentação é oportuna e continuaremos fazendo referência à figura inicial.

Fundamentos de Eletrotécnica

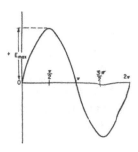

FIG. XIII-2

Uma senóide representa não só os diferentes valores por que passa a f. e. m. induzida, como também indica a mudança de polaridade nos extremos do condutor. Uma das metades da senóide representa a variação do valor da tensão, de zero (A) a um valor máximo (C) e depois a zero (E) (tudo quando o condutor corta o campo num sentido – subindo, na figura) e a outra metade representa a mesma seqüência de valores (pontos E, F, G e H) quando o condutor se movimenta no campo em sentido oposto (descendo, na figura).

Freqüência de uma Corrente Alternada

Chamamos de CICLO à seqüência de valores representados pela senóide. Corresponde a todos os valores produzidos pelo movimento do condutor nos dois sentidos.

Qualquer das metades da senóide que representa o ciclo é chamada de ALTERNAÇÃO, e corresponde apenas aos valores produzidos pelo movimento do condutor num dos sentidos.

Um ciclo recebe também o nome de ONDA ou ONDA COMPLETA. Uma alternação é conhecida também por MEIO CICLO, MEIA ONDA ou ALTERNÂNCIA. Matematicamente dizemos que a alternância sobre o eixo de referência é POSITIVA e a outra é NEGATIVA.

Se o condutor continuar girando no campo magnético com velocidade uniforme, outros ciclos serão produzidos. O NÚMERO DE CICLOS PRODUZIDOS NA UNIDADE DE TEMPO É O QUE CHAMAMOS DE FREQÜÊNCIA (f) DA CORRENTE ALTERNADA. Esta grandeza é expressa em uma unidade chamada HERTZ (Hz).

Um hertz corresponde a UM CICLO POR SEGUNDO (c/s). São usados normalmente os seguintes múltiplos do hertz:

Megahertz (MHz) = 1.000.000 Hz

Quilohertz (kHz) = 1.000 Hz

PERÍODO (T) de uma tensão ou corrente alternada é o tempo necessário para completar um ciclo. É fácil concluir que esta grandeza é o inverso da freqüência:

$$T = \frac{1}{f}$$

T = em SEGUNDOS (s)

f = em HERTZ (Hz)

Grau Elétrico de Tempo

Quando uma tensão senoidal é representada graficamente, sua grandeza é indicada ao longo do eixo vertical, e no eixo horizontal podem ser indicados os valores dos ângulos ou arcos descritos pelo condutor. No caso da figura que mostra a produção de uma corrente alternada senoidal, um ciclo de tensão seria completado quando o condutor descrevesse uma volta completa (360°). Assim, os valores mínimos e máximos da tensão produzida (pontos "A", "C", "E", "G" e "A") seriam referidos, respectivamente, a 0°, 90°, 180°, 270° e 360°.

A indicação dos valores dos ângulos (ou arcos) no eixo horizontal não é prática, pois quando são usados mais de dois pólos para produzir o campo magnético, vários ciclos podem ser produzidos com uma única volta do condutor. Isto significa, por exemplo, que numa máquina de 4 pólos o condutor teria de completar apenas meia volta (180°) para realizar um ciclo; numa máquina de 8 pólos, teria de completar um quarto de volta (90°), etc.

Outro sistema seria o de graduar o eixo horizontal com unidades de tempo, mas é fácil avaliar a desvantagem da medida, pois a duração de um ciclo (o seu período) varia com a freqüência.

Para sair deste impasse, foi adotado o que se convencionou chamar de GRAU ELÉTRICO DE TEMPO.

O grau elétrico de tempo corresponde sempre a 1/360 do período, seja qual for a freqüência. Deste modo, um ciclo sempre será realizado em 360 graus elétricos, e os valores da tensão ou da corrente alternada serão referidos a graus elétricos. Por exemplo, uma tensão alternada sempre é nula nos pontos do eixo horizontal marcados 0, 180 e 360 graus elétricos, e é máxima nos pontos marcados 90 e 270 graus elétricos. O tempo expresso por um grau elétrico de tempo depende, evidentemente, da freqüência da tensão ou corrente representada.

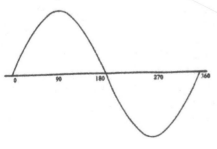

FIG. XIII-3

Quando é produzido um ciclo de tensão ou corrente alternada, o condutor passa por 360 graus elétricos de tempo, e o tempo necessário para completar o ciclo é igual a 1/f segundo. Se convertermos graus elétricos de tempo em radianos elétricos de tempo, concluiremos que a velocidade angular elétrica do condutor será:

$$\omega = \frac{2\pi}{1/f} = 2\pi f \quad \text{radianos por segundo (rd/s)}$$

Em conseqüência, as EQUAÇÕES PARA A DETERMINAÇÃO DOS VALORES INSTANTÂNEOS DE UMA TENSÃO OU CORRENTE ALTERNADA TOMAM AS FORMAS ABAIXO:

$$e = E_{max} \operatorname{sen} 2\pi f t$$

$$i = I_{max} \operatorname{sen} 2\pi f t$$

Relação entre Número de Pólos, Rotações por Minuto e Freqüência de um Alternador

ALTERNADOR é o nome dado a uma máquina geradora de corrente alternada.

A freqüência da tensão ou corrente alternada produzida por um alternador depende do número de rotações do mesmo, pois, como dissemos em um dos parágrafos anteriores, quanto maior o número de voltas que o condutor completar, maior o número de ciclos produzidos.

Também o número de pólos da máquina influi na freqüência. Conforme o número de pólos, poderão ser completados vários ciclos em cada rotação da máquina. Há a seguinte relação entre o número de pólos da máquina e o número de ciclos produzidos para cada volta completa do condutor:

2 pólos – 1 ciclo

4 pólos – 2 ciclos

6 pólos – 3 ciclos

etc.

As observações acima permitem escrever a equação que se segue, com a qual é possível determinar a freqüência de um alternador:

$$f = \frac{np}{60}$$

f = freqüência, em HERTZ (Hz)
n = número de rotações por minuto (rpm) da máquina
p = quantidade de pares de pólos

Valores Médio, Eficaz e Pico a Pico de uma Força Eletromotriz ou Corrente Senoidal

O valor médio (ou ordenada média) de uma tensão ou corrente senoidal é a média aritmética dos valores instantâneos de uma alternação. Considera-se apenas uma alternação porque o valor médio da onda completa é zero, visto que os valores de uma alternação se repetem na outra. Evidentemente, quanto maior o número de ordenadas consideradas na determinação do valor médio, maior a precisão do cálculo.

O valor médio pode ser determinado também dividindo-se a superfície limitada por uma alternação, pelo comprimento da alternação considerado no eixo dos tempos. Demonstra-se matematicamente que a área em questão é igual ao dobro do valor máximo da senóide. Como o comprimento a que nos referimos é igual a π radianos, podemos escrever que

$$E_m = \frac{2E_{max}}{\pi} \qquad \begin{array}{l} E_m = \text{valor médio} \\ \text{da tensão} \end{array}$$

$$I_m = \frac{2I_{max}}{\pi} \qquad \begin{array}{l} I_m = \text{valor médio} \\ \text{da corrente} \end{array}$$

Seja qual for o método usado para determinar a área correspondente à alternação, o que pode ser feito inclusive com um planímetro ou até com auxílio de papel milimetrado, o valor encontrado para o valor médio corresponderá a aproximadamente 63% do valor máximo:

$$E_m = 0{,}636\ E_{max}$$

e

$$I_m = 0{,}636\ I_{max}$$

De significativa importância é o que chamamos de VALOR EFICAZ ou VALOR RMS de uma tensão ou corrente alternada.

O valor eficaz de uma corrente alternada é o valor que ela deveria ter, se fosse constante (como uma C. C. constante), para produzir uma certa quantidade de calor num determinado tempo. Quando dizemos que uma corrente alternada tem, por exemplo, um valor eficaz de 1 ampère, isto quer dizer que ela é capaz de produzir tanto calor por segundo quanto uma corrente contínua constante de 1 ampère. Convém não esquecer que para apresentar esse valor eficaz ela estará variando entre zero e um valor maior que 1 ampère.

Matematicamente, o valor eficaz é A RAIZ QUADRADA DA MÉDIA DOS QUADRADOS DOS VALORES INSTANTÂNEOS DA CORRENTE. A designação de VALOR RMS corresponde às letras iniciais das palavras acima sublinhadas, quando a frase é escrita em inglês (ROOT – MEAN – SQUARE).

O resultado do cálculo em questão

mostra que o valor eficaz está relacionado com o valor máximo da seguinte maneira:

$$I_{ef} = 0,707 \, I_{max}$$

I_{ef} = valor eficaz da corrente

Naturalmente, o valor eficaz da tensão que produz um certo valor eficaz de corrente também está relacionado do mesmo modo com o valor máximo:

$$E_{ef} = 0,707 \, E_{max}$$

E_{ef} = valor eficaz da tensão

Geralmente, quando se fala de uma corrente alternada faz-se referência ao seu valor eficaz, e os medidores indicam comumente valores eficazes; assim, salvo se for feita qualquer referência, sempre que dermos um valor de tensão ou de corrente em um problema estaremos utilizando valores eficazes.

O valor pico a pico de uma tensão ou corrente senoidal é igual a duas vezes o seu valor máximo. Trata-se de um valor importante e que merece atenção especial no uso de certos componentes eletrônicos.

EXEMPLOS:

1 – Qual o tempo necessário para que uma força eletromotriz senoidal, cuja freqüência é de 50 Hz, passe do valor zero à metade do seu valor máximo?

SOLUÇÃO:

$e = E_{max}$ sen ω t
ω t = ângulo cujo seno é $\dfrac{e}{E_{max}}$

ω t = ângulo cujo seno é 0,5
ω t = 30°

O período (tempo correspondente a um ciclo) é:

$$\frac{1}{50} = 0,02 \text{ s}$$

O tempo correspondente a um grau:

$$\frac{0,02}{360} = 0,00005 \text{ s}$$

Tempo correspondente a 30°, ou o tempo necessário para que a f. e. m. atinja a metade do seu valor máximo:

0,000 05 x 30 = 0,001 5 s

2 – Uma onda senoidal de força eletromotriz tem uma freqüência de 60 Hz e um valor máximo de 220 V. Determinar o valor instantâneo da tensão, quando ωt é igual a 50°, e a velocidade angular da onda.

SOLUÇÃO:

$e = E_{max}$ sen ω t
$e = 220$ sen 50°
$e = 220 \times 0,766 \, 04$
$e = 168,5$ V
$\omega = 2 \, \pi \, f$
$\omega = 6,28 \times 60 = 376,8$ rd/s

PROBLEMAS

PRODUÇÃO DE UMA C. A. SENOIDAL. VALORES DE UMA C. A. SENOIDAL

1 – A quantos graus elétricos corresponde um grau de ângulo em um alternador de 6 pólos? E de 4 pólos?

R.: 3; 2

2 – O período de uma onda senoidal é 0,04 segundo: Determinar:
a) a freqüência;
b) o tempo necessário para que a onda passe de zero a um valor máximo positivo;
c) o tempo correspondente a cada grau elétrico.

R.: 25 Hz; 0,01 s; 0,000 111 s

3 – Uma onda senoidal tem uma freqüência de "f" hertz. Expressar em termos de "f" o tempo correspondente a uma alternação e o tempo correspondente a um grau elétrico.

R.: 1/2f s; 1.360f s

4 – Um alternador funciona a 600 r. p. m. Sabendo que possui 10 pólos, determinar sua freqüência.

R.: 50 Hz

5 – A quantas r. p. m. deve funcionar um alternador de 6 pólos, para que a freqüência da tensão que produz seja de 25 Hz?

R.: 500 r. p. m.

6 – Qual é a freqüência de uma onda senoidal cuja velocidade angular é de 314 radianos por segundo?

R.: 50 Hz

7 – Calcular o valor médio de uma corrente senoidal cujo valor máximo é 10 A.

R.: 6,36 A

8 – Sabendo que o valor médio de uma força eletromotriz senoidal é 200 V, determinar o seu valor máximo e o seu valor instantâneo a 10°.

R.: 314 V; 54,51 V

9 – Sabendo que uma corrente alternada senoidal tem um valor eficaz de 80 A, calcular seus valores médio e máximo.

R.: 72 A; 113 A

CAPÍTULO XIV

REATÂNCIAS INDUTIVA E CAPACITIVA. RESISTÊNCIA EFETIVA. IMPEDÂNCIA. POTÊNCIA EM C. A. FATOR DE POTÊNCIA

Reatância Indutiva

Quando uma corrente alternada flui em um circuito, varia do valor zero ao valor máximo em um quarto do período. Como o período é o inverso da freqüência, o fenômeno ocorre em

$$\frac{T}{4} = \frac{1/f}{4} = \frac{1}{4f} \text{ segundo}$$

Durante a variação em apreço, há o aparecimento de uma tensão induzida no circuito, devido à sua auto-indutância, cujo valor médio é

$$E_m = -L \frac{\Delta i}{\Delta t} = -L \frac{I_{max}}{1/4f}$$

$$E_m = -4 f L I_{max}$$

Para determinar o valor máximo da tensão de auto-indução, basta dividir a expressão acima por 0,636:

$$E_{max} = -\frac{E_m}{0,636} = -\frac{4f \, L I_{max}}{0,636}$$

$$E_{max} = -6,28 \, f \, L \, I_{max}$$

O valor eficaz da força contra-eletromotriz é igual ao valor máximo multiplicado por 0,707:

$$E_{ef} = -6,28 \, f \, L \, I_{max} \, X \, 0,707$$
$$E_{ef} = -6,28 \, f \, L \, I_{ef}$$

Uma parte da tensão aplicada ao circuito é destinada a vencer esta tensão induzida e seu valor deve ser, portanto,

$$E_{ef} = 2 \, \pi \, f \, L \, I_{ef}$$

A oposição que a força eletromotriz de auto-indução oferece à variação da corrente é denominada REATÂNCIA INDUTIVA (X_L), e é medida em OHMS. Esta grandeza pode ser calculada dividindo-se a tensão necessária para vencê-la pela intensidade da corrente no circuito:

$$X_L = -\frac{2\pi f \, L I_{max}}{I_{ef}}$$

$$X_L = 2 \, \pi \, f \, L$$

ou

$$X_L = \omega \, L$$

Fundamentos de Eletrotécnica   89

X_L = reatância indutiva em OHMS (Ω)
f = freqüência, em HERTZ (Hz)
L = coeficiente de auto-indutância do circuito, em HENRYS (H)

Reatância Capacitiva

Se um capacitor fosse utilizado num circuito de corrente alternada senoidal, sua carga máxima seria

$$Q_{max} = C\, E_{max}$$

A carga em apreço seria conseguida em um quarto do período (1/4f) e determinada pelo valor médio da corrente de carga:

$$Q_{max} = I_m \times 1/4f$$

Substituindo Q_{max} pelo seu valor na 1ª equação:

$$C\, E_{max} = I_m \times 1/4f$$

$$I_m = \frac{C E_{max}}{1/4f}$$

$$I_m = 4\, f\, C\, E_{max}$$

Mas o valor médio da corrente também é igual a

$$I_m = 0,636\, I_{max}$$

donde se conclui que

$$4\, f\, C\, E_{max} = 0,636\, I_{max}$$

$$I_{max} = \frac{4 f C E_{max}}{0,636}$$

$$I_{max} = 6,28\, f\, C\, E_{max}$$

Conhecendo o valor máximo, podemos determinar o valor eficaz da corrente de carga:

$$I_{ef} = 0,707 \times 6,28\, f\, C\, E_{max}$$
$$I_{ef} = 6,28\, f\, C\, E_{ef}$$
$$I_{ef} = 2\, \pi\, f\, C\, E_{ef}$$

A diferença de potencial que aparece entre as placas do capacitor se opõe à tensão principal (aplicada ao capacitor). Esta oposição é chamada REATÂNCIA CAPACITIVA (X_c), e é medida em OHMS. Para determinar a reatância capacitiva, basta dividir a tensão aplicada ao capacitor pela corrente de carga:

$$X_c = \frac{E}{I}$$

$$X_c = \frac{E_{ef}}{2\pi f C E_{ef}}$$

$$X_c = \frac{1}{2\, \pi\, f\, C}$$

ou

$$X_c = \frac{1}{\omega C}$$

X_c = reatância capacitiva, em OHMS (Ω)
f = freqüência, em HERTZ (Hz)
C = capacitância, em FARADS (F)

Resistência Efetiva

Chamamos de resistência efetiva de um circuito de corrente alternada ao conjunto de fatores que determinam a conversão de energia elétrica em calor.

Em corrente contínua, a resistência do condutor é a única causa da transformação da energia elétrica em calor. Em corrente alternada, porém, outros fenômenos que serão estudados posteriormente e que são conhecidos como HISTERESE e CORRENTES

DE FOUCAULT também determinam a transformação em apreço.

A quantidade de WATTS medida num circuito de corrente alternada, correspondente ao total de JOULES de energia elétrica transformados em calor em cada segundo, é determinada, portanto, pela resistência efetiva do circuito. Esta grandeza, como é natural, é expressa em OHMS.

Na maioria dos circuitos, a histerese e as correntes de Foucault são praticamente nulas ou mesmo não existem de modo que a resistência efetiva corresponde apenas à resistência dos condutores, como em corrente contínua.

Impedância

Esta grandeza é o conjunto de todos os fatores que devem ser vencidos pela força eletromotriz aplicada ao circuito de corrente alternada, para que se possa estabelecer uma corrente elétrica. Compreende, portanto, a resistência efetiva do circuito e as reatâncias indutiva e capacitiva. Em outros termos, a impedância é a soma vetorial das reatâncias com a resistência efetiva do circuito.

Em conseqüência do exposto, é fácil concluir que a Lei de Ohm, quando é aplicada a circuitos de C. A., passa a ter o seguinte enunciado:

"A INTENSIDADE DE UMA COR-RENTE ELÉTRICA É DIRETA-MENTE PROPORCIONAL À FOR-ÇA ELETROMOTRIZ E INVER-SAMENTE PROPORCIONAL À IMPEDÂNCIA".

$$I = \frac{E}{Z}$$

donde

$$E = I Z \quad e \quad Z = \frac{E}{I}$$

Z = impedância, em OHMS (Ω)

E = tensão, em VOLTS (V)
I = intensidade da corrente, em AMPÈRES (A)

OBSERVAÇÕES:

1 – As equações para o cálculo das reatâncias indutiva e capacitiva só são válidas para correntes alternadas senoidais.

2 – É normal o uso da palavra REATÂNCIA, simbolizada por "X", para designar o conjunto das reatâncias. A reatância do circuito é a soma vetorial das reatâncias indutiva e capacitiva.

3 – A impedância não deve ser confundida com a resistência efetiva do circuito.

Potência em C. A.

A energia aplicada por segundo a um circuito de corrente alternada (potência do circuito) é destinada a vencer as três dificuldades normalmente presentes no mesmo: a resistência efetiva, a reatância indutiva e a reatância capacitiva.

A parte destinada a vencer a resistência efetiva do circuito é denominada POTÊNCIA REAL (P) ou POTÊNCIA ATIVA do circuito. É expressa em WATTS. Esta potência corresponde à energia elétrica que está sendo transformada em calor, em cada segundo, e costuma ser chamada também de POTÊNCIA EFETIVA.

A parcela gasta para sobrepujar a reatância do circuito é denominada POTÊNCIA REATIVA (Q), sendo expressa em VOLTS-AMPÈRES REATIVOS (VArs).

A soma vetorial das potências real e reativa é igual ao produto da tensão aplicada ao circuito pela intensidade da corrente no mesmo. Este produto é conhecido como POTÊNCIA APA-

Fundamentos de Eletrotécnica

RENTE (S) do circuito, e corresponde, como dissemos no início deste item, à energia aplicada por segundo ao circuito. A potência aparente é dada em VOLTS-AMPÈRES (VA).

Fator de Potência

Como vimos, a potência em WATTS (POTÊNCIA REAL) é apenas uma percentagem da POTÊNCIA APARENTE.

A relação entre a potência real e a potência aparente é denominada FATOR DE POTÊNCIA do circuito:

$$\text{Fator de potência} = \frac{\text{Potência real}}{\text{Potência aparente}}$$

Potência Real = Potência Aparente x x Fator de Potência

O fator de potência do circuito é igual a 1 quando a única dificuldade no circuito é a resistência efetiva. Quando há reatância de qualquer espécie, é um número decimal. É muito comum exprimir o fator de potência de um circuito em forma de percentagem.

EXEMPLOS:

1 – Qual a reatância indutiva oferecida por uma bobina de 20 mH ligada a uma fonte de 100 V, 60 Hz?

SOLUÇÃO:

$$X_L = 2 \pi f L$$

$$X_L = 6,28 \times 60 \times 0,02 = 7,536 \text{ ohms}$$

2 – Um capacitor de 25 μ F é ligado a uma fonte cuja freqüência é 10 kHz. Que reatância oferece?

SOLUÇÃO:

$$X_c = \frac{1}{2 \pi f C}$$

$$X_c = \frac{1}{6,28 \times 10.000 \times 0,000025}$$

$$X_c = 0,637 \text{ ohm}$$

3 – Calcular a impedância e a resistência efetiva de um circuito que solicita uma corrente de 12 A e consome energia na razão de 600 joules por segundo, quando é ligado a um alternador de 120 V.

SOLUÇÃO:

$$Z = \frac{E}{I} = \frac{120}{12} = 10\Omega$$

$$600 \text{ J/s} = 600 \text{ W}$$

$$R = \frac{P}{I^2} = \frac{600}{12^2} = 4,1\Omega$$

PROBLEMAS

REATÂNCIAS INDUTIVA E CAPACITATIVA

1 – Determinar o valor médio da tensão de auto-indução produzida num circuito constituído por uma bobina de 0,2 H ligada a uma fonte de C.A., quando a corrente que o percorre passa do valor zero ao seu valor instantâneo a 10°. A corrente tem 5 A de valor eficaz e uma freqüência de 25 Hz.

R.: 221,4 V

2 – Uma bobina de 0,5 H é ligada a uma fonte cuja freqüência é de 60Hz, sendo percorrida por uma corrente de

10A. Qual a componente da tensão aplicada que se destina a vencer a tensão de auto-indução?

R.: 1.884 V

3 – Quando um capacitor de 15 μF é ligado a uma fonte de 220 V, 60 Hz, flui uma corrente de carga de 1,245 A. Qual a carga máxima do capacitor?

R.: 0,004 67C

4 – Depois de um período de carga de 1/120 segundo, um capacitor já adquiriu uma carga de 9.640 microcoulombs. Qual a razão média com que flui a corrente no circuito?

R.: 1,156 A

5 – Sabendo que a corrente é de 1,56 A quando um capacitor é ligado a uma fonte de 220 V, 60 Hz, determinar a sua capacitância.

R.: 18,8 microfarads

CAPÍTULO XV

VARIAÇÃO DA RESISTÊNCIA ELÉTRICA COM A TEMPERATURA

Algumas substâncias apresentam variação de resistência tão pequena que, dentro de limites, têm resistências praticamente constantes, sendo usadas na fabricação de resistores.

Em geral a resistência elétrica dos materiais aumenta quando há elevação de temperatura. O carvão, o vidro, o quartzo, a grafita e a porcelana são exceções; suas resistências diminuem quando a temperatura aumenta, e vice-versa. O conhecimento da variação da resistência com a temperatura é absolutamente necessário, e como o cobre é das substâncias mais usadas em eletrotécnica, estudemos primeiro o seu comportamento.

Os dados obtidos da observação da variação da resistência do cobre com a temperatura permitem construir uma curva, marcando-se no eixo das abscissas os valores de temperatura e no eixo das ordenadas os valores de resistência.

De acordo com o gráfico, à temperatura t_2 corresponde uma resistência R_2 e à temperatura t_1 corresponde uma resistência R_1, e verifica-se que a variação de resistência entre esses dois limites de temperatura é representada praticamente, por uma linha reta, isto é, a resistência diminui uniformemente, fato este que pode ser observado até um ponto da curva que corresponde à temperatura de aproximadamente -100°C. É oportuno salientar que entre –50° e +200°C a resistência de quase todos os condutores metálicos é praticamente proporcional à temperatura.

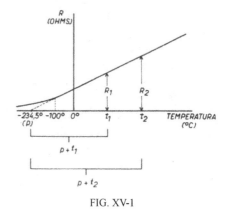

FIG. XV-1

Em temperaturas muito baixas, o conhecimento exato da razão de variação da resistência com a temperatura não é estritamente necessário, e podemos supor que a resistência do cobre continua diminuindo de modo uniforme, à medida que a temperatura diminui. Tal suposição é representada no gráfico pela linha pontilhada, que encontra o eixo das abscissas num ponto correspondente à temperatura de -234,5° C. Assim, consideramos nula a resistência do cobre no ponto (p) onde se admite que a curva encontra o eixo das abscissas. Este ponto é chamado de RESISTÊNCIA ZERO INFERIDA do cobre.

A semelhança de triângulos permite-nos estabelecer a seguinte expressão:

$$\frac{R_1}{p+t_1} = \frac{R_2}{p+t_2}$$

p = valor absoluto da resistência zero inferida (234,5).

com que podemos determinar a resistência do cobre em qualquer temperatura sendo conhecido o seu valor em uma dada temperatura, bem como calcular a temperatura a que foi submetido um condutor de cobre, sendo conhecida sua resistência na mesma e numa temperatura dada.

A expressão em apreço pode ser usada também em problemas referentes a outros metais ou ligas, desde que seja conhecido o valor de "p" (temperatura em que a resistência é considerada nula), e que a variação de suas resistências seja praticamente uniforme.

Coeficiente de Temperatura da Resistência

Coeficiente de temperatura da resistência é a razão com que a resistência de uma substância varia por ohm e por grau de temperatura.

Para melhor compreensão dessa definição, acima, suponhamos que a resistência de um condutor de cobre a 0° C é de 1 ohm. De acordo com o que vimos, essa resistência se anulará se formos diminuindo a temperatura do condutor, até ser atingido o valor de $-234,5^{\circ}$ C.

Considerando uniforme essa va-riação de resistência, como temos feito até o momento, podemos dizer que o decréscimo de resistência por grau Celsius será de

$$\frac{1}{234,5} = 0,00427 \text{ohm aprox}$$

A resistência do condutor se anularia qualquer que fosse o seu valor a 0° C, e podemos generalizar o exposto, dizendo que o decréscimo de resistência por grau Celsius seria de

$$R_0 \times \frac{1}{234,5} = 0,00427 \ R_0 \ \Omega$$

Assim, concluímos que o coeficiente de temperatura do cobre é sempre igual a 0,004 27 ohm, por ohm, por grau Celsius, para uma dada resistência a 0° C, isto é, 0,004 27 é o coeficiente de temperatura do cobre para uma resistência inicial de um ohm a 0° C.

O coeficiente de temperatura da resistência é representado geralmente pela letra α (alfa) do alfabeto grego.

O exposto permite-nos escrever a expressão abaixo, com que podemos determinar o valor do COEFICIENTE DE TEMPERATURA DA RESISTÊNCIA DE QUALQUER SUBSTÂNCIA cuja resistência varie, praticamente, de modo uniforme, ao ser variada a sua temperatura:

$$\alpha_0 = \frac{1}{p}$$

α_0 = coeficiente de temperatura da resistência a 0° C. Em ohm, por ohm, por grau Celsius

p = temperatura em que a resistência da substância é considerada nula.

Raciocinamos, anteriormente,

Fundamentos de Eletrotécnica

considerando a temperatura inicial do condutor igual a 0° C. Consideremo-la, agora, igual a um valor qualquer "t", acima de 0° C.

Para anular a resistência do condutor seria necessário diminuir sua temperatura de $234,5 + t$ graus. Esta conclusão permite-nos escrever a expressão

$$\alpha_t = \frac{1}{234,5 + t}$$

ou, generalizando, para qualquer substância

$$\alpha_t = \frac{1}{p + t}$$

Com o auxílio da expressão acima podemos determinar o coeficiente de temperatura da resistência de qualquer substância, sendo conhecida a temperatura em que sua resistência se anula.

O coeficiente de temperatura da resistência de um material pode ser positivo ou negativo. É positivo quando a resistência do material aumenta com o aumento da temperatura; é negativo no caso contrário.

O TERMISTOR é uma aplicação, em Eletrônica, de materiais de coeficientes de temperatura negativos. Trata-se de um resistor cuja resistência diminui à medida que sua temperatura aumenta.

CÁLCULO DO COEFICIENTE DE TEMPERATURA DA RESISTÊNCIA DE UM TIPO DE COBRE QUALQUER (K%) À TEMPERATURA DE 20° C, SENDO CONHECIDO O VALOR DO COEFICIENTE DE TEMPERATURA DA RESISTÊNCIA, A 20° C, DO COBRE PADRÃO

$$\frac{\alpha'_{20}}{\alpha_{20}} = \frac{K\%}{100}$$

α'_{20} = coeficiente de temperatura de um cobre qualquer, a 20° C

α_{20} = coeficiente de temperatura, a 20° C, do cobre K 100%.

$K\%$ = condutividade percentual do cobre de α'_{20}.

100 = condutividade do cobre K 100%.

Outras Conclusões

A variação da resistência com a temperatura pode ser determinada, também, com o auxílio de outras fórmulas, de acordo com o seguinte raciocínio:

Sabemos que cada ohm de resistência a 0°C varia α_0 ohm por grau Celsius; logo, podemos escrever:

$$R_t = R_0 + R_0 \, \alpha_0 \, t$$

R_0 = resistência a 0° C

R_t = resistência a "t" graus Celsius

ou

$$Rt = R0 \, (1 + \alpha0 \, t)$$

Esta expressão pode ser generalizada de modo que possamos calcular a resistência de um condutor numa temperatura "t'" qualquer sendo conhecida sua resistência noutra temperatura "t":

$$R_{t'} = R_t \, (1 + \alpha_t \, \theta)$$

$R_{t'}$ = resistência a "t'" graus

R_t = resistência a "t" graus

α_t = coeficiente de temperatura da resistência a "t" graus

θ = variação de temperatura

Equações para a Resistividade

Evidentemente, a resistividade de um material também varia com a temperatura.

Todas as equações já estudadas para a determinação de resistências numa temperatura qualquer podem ser utilizadas, com a necessária substituição dos símbolos, para calcular a resistividade de um material em qualquer temperatura, observadas as mesmas limitações consideradas no cálculo com resistência:

$$\frac{\rho_1}{p + t_1} = \frac{\rho_2}{p + t_2}$$

$$\rho_{t'} = \rho_t (1 + \alpha_t \, \theta)$$

Supercondutividade

A supercondutividade é um fenômeno observado desde 1911, mas ainda pouco conhecido. Muitas pesquisas teóricas e experimentais estão sendo feitas atualmente sobre este fenômeno, que promete uma verdadeira revolução no campo da Eletrotécnica e da Eletrônica.

Trata-se da propriedade apresentada por um limitado número de materiais, que consiste na perda total de resistência elétrica em temperaturas bem próximas do zero absoluto (-273° C).

A TEMPERATURA DE TRANSIÇÃO, isto é, a temperatura em que o material passa a ser supercondutor, depende da estrutura íntima do mesmo e da sua pureza, e pode variar de alguns décimos de grau até mais de uma dezena de graus absolutos. São conhecidos cerca de 22 elementos supercondutores, porém muitas ligas e compostos também apresentam esta importante propriedade, com algumas características interessantes, entre as quais destacamos:

a) suas temperaturas de transição são mais altas do que as das substâncias simples;

b) em geral, uma liga supercondutora é formada por elementos supercondutores ou com a participação de pelo menos um elemento supercondutor em grande quantidade;

c) certos compostos são supercondutores, embora na sua constituição não entrem elementos supercondutores.

A supercondutividade de um material pode ser destruída por um campo magnético. Quanto mais baixa for a temperatura de transição de um material, maior a intensidade do campo magnético necessário para eliminar sua supercondutividade.

Este é um fato que limita, dentro dos conhecimentos atuais do homem, uma das prováveis aplicações da supercondutividade. Com efeito, se a resistência de um supercondutor é realmente zero, abaixo da sua temperatura de transição, é possível (e já foi conseguido experimentalmente) manter uma corrente no mesmo sem consumo de energia. Infelizmente, a intensidade dessa corrente é limitada a um certo valor, pois o campo criado por ela pode destruir a supercondutividade do material, assim que é atingido um valor de intensidade de campo que depende da substância submetida à experiência.

Muitas são as possibilidades de utilização dos supercondutores e magníficos resultados já têm sido obtidos nas pesquisas efetuadas, mas são grandes ainda as dificuldades tecnológicas a serem vencidas.

Fundamentos de Eletrotécnica 97

EXEMPLOS:

1 – Admite-se que a resistência do tungstênio se anula a $-180°$ C. Determinar o seu coeficiente de temperatura a $0°$ C.

SOLUÇÃO:

$$\alpha_0 = \frac{1}{p}$$

$$\alpha_0 = \frac{1}{180} = 0,005\Omega/\Omega/°C$$

2 – Calcular a resistência de um condutor de cobre a $200°$ C, sabendo que sua resistência a $30°$ C é de 5 ohms. A resistência zero inferida do cobre é $-234,5°$ C.

SOLUÇÃO:

$$\frac{R_1}{p + t_1} = \frac{R_2}{p + t_2}$$

$$\frac{5}{234,5 + 30} = \frac{R_2}{234,5 + 200}$$

$$R_2 = \frac{5 \times 434,5}{264,5} = 8,2 \ \Omega$$

3 – A resistência de um condutor de cobre, a $20°$ C, é 30 ohms. Calcular sua resistência a $50°$ C. A resistência zero inferida do cobre é $-234,5°$ C.

SOLUÇÃO:

$$\alpha_t = \frac{1}{p + t}$$

$$\alpha_{20} = \frac{1}{234,5 + 20} = 0,00393\Omega/\Omega/°C$$

$$R_{t'} = R_t (1 + \alpha_t \theta)$$

$$R_{50} = R_{20} (1 + \alpha_{20} \theta)$$

$$R_{50} = 30 (1 + 0,003\ 93 \times 30)$$

$$R_{50} = 33,537 \ \Omega$$

PROBLEMAS

VARIAÇÃO DA RESISTÊNCIA ELÉTRICA COM A TEMPERATURA

1 – Uma linha de transmissão de 80 km de comprimento é constituída por condutores de alumínio nº 00 B & S. Determinar a resistência elétrica, a $20°$ C, de um dos condutores, sabendo que a resistividade do alumínio a $20°$ C é igual a 17,10 ohm. CM/pé e que o fio em apreço tem 133.100 CM de seção.

R.: 34,2 ohms

2 – Utilizando os dados do problema anterior, determinar a resistência a $50°$ C, sabendo que o coeficiente de temperatura da resitência do alumínio a $20°$C é igual a 0,0039.

R.: 38,2 ohms

3 – Determinar o comprimento de um fio nº 20 de cobre, com K = 100%, de modo a se obter uma resistência de 23 ohms a $80°$ C. Sabe-se que

ρ_{20} = 10,68 Ω.CM/pé
α_{20} = 0,003 93 $\Omega/\Omega/°C$
S = 1.022 CM

R.: 534 m

4 – A resistência de um fio de cobre de condutividade 100°, a 10° C, é 100 ohms, sendo seu coeficiente de temperatura, a 20° C, igual a 0,003 93 $\Omega/\Omega/$°C. Qual a sua resistência a 60° C?

R.: 120 ohms

5 – A resistência das bobinas de campo de um motor de corrente contínua é 480 ohms, a 25° C. Qual é a resistência das bobinas a 65° C? As bobinas são de fio de cobre.

R.: 554 ohms

6 – As bobinas de campo de um motor de corrente contínua solicitam 0,5 A quando ligadas a uma fonte de 240 V. A temperatura das bobinas é de 23° C. Qual é a temperatura das bobinas, quando solicitam 0,44 A da mesma fonte?

R.: 58° C

7 – A resistência de uma bobina de um transformador (feita de fio de cobre) é de 1,6 ohm, quando a temperatura ambiente é de 20° C. Após várias horas de funcionamento, a resistência é medida novamente e acha-se 1,9 ohm. Qual o aumento de temperatura?

R.: 47,72° C

CAPÍTULO XVI

TERMOELETRICIDADE

Efeito Seebeck

Quando dois condutores metálicos são unidos por seus extremos, formando um circuito fechado, e essas junções são mantidas em temperaturas diferentes, observa-se uma corrente elétrica nos mesmos.

Este fenômeno foi notado pela primeira vez em 1822, pelo físico alemão Thomas Johann Seebeck, e é conhecido como EFEITO SEEBECK.

A força eletromotriz que produz a corrente em apreço é denominada FORÇA TERMOELETROMOTRIZ. Seu valor depende dos materiais usados, da diferença entre as temperaturas nas duas junções termoelétricas e da qualidade do contato entre os metais; é independente, porém, do comprimento e da área da seção transversal dos condutores metálicos utilizados, bem como da área e da forma das junções.

O conjunto formado pelos dois condutores é chamado PAR TERMOELÉTRICO ou TERMOCUPLO. A seguir relacionamos algumas das combinações metálicas usadas:

FERRO/COBRE

COBRE/NÍQUEL

COBRE/CONSTANTAN (liga de níquel e cobre)

CHROMEL (liga de níquel e cromo)/CONSTANTAN

PLATINA/PLATINA-RÓDIO

BISMUTO/ANTIMÔNIO

BISMUTO/PRATA

BISMUTO/CÁDMIO

CHROMEL/ALUMEL (liga de níquel, ferro e manganês)

Embora as forças eletromotrizes obtidas sejam muito pequenas, os pares termoelétricos podem ser associados em série, formando PILHAS TERMOELÉTRICAS ou TERMOPILHAS.

Para que tenhamos uma idéia da grandeza das tensões obtidas com termocuplos, apresentamos dois exemplos:

– um par constituído por cobre e constatan produz uma f. e. m. de cerca de 40 microvolts por grau Celsius de diferença de temperatura;

– uma combinação platina/platina-ródio proporciona apenas 5 microvolts por grau Celsius de diferença de temperatura.

Embora uma força termoeletromotriz seja muito pequena, é muito útil. Um par termoelétrico é usado principalmente como indicador de temperatura, porque desde que seja conhecida a tensão produzida no mesmo e a temperatura numa das junções é possível determinar a temperatura na outra junção. Os termômetros para altas temperaturas (pirômetros) são um exemplo dessa aplicação.

Com base na teoria eletrônica, o aparecimento de uma força termoeletromotriz é explicado como o resultado da difusão de elétrons livres ("gás" elétrico) de um metal para o outro.

Efeito Peltier

Alguns anos após a descoberta de Seebeck, o físico francês Peltier verificou que uma corrente elétrica ao passar por uma junção de dois metais diferentes, no mesmo sentido da força termoeletro-motriz, provocava um resfriamento na mesma. Este fenômeno recebeu o nome de EFEITO PELTIER e demonstra que o efeito termoelétrico é reversível.

Efeito Thomson

Thomson, físico inglês, também dedicou-se ao estudo dos fenômenos termoelétricos. Em meados do século passado, chegou à conclusão de que o aquecimento de uma parte de um condutor provoca o aparecimento de uma f. e. m. no mesmo, como resultado da distribuição irregular dos seus elétrons livres.

CAPÍTULO XVII

ESTRUTURAS DE CORRENTE CONTÍNUA

Até este capítulo, os circuitos de C.C. estudados têm sido simples, com elementos ligados em série, em paralelo ou constituindo associação mista. O circuito mais complexo analisado foi a ponte de Wheatstone, e, assim mesmo, apenas em equilíbrio.

Neste capítulo trataremos de diversos métodos empregados para a resolução de circuitos que, pela sua complexidade, não podem ser calculados com os conhecimentos já adquiridos.

Leis de Kirchhoff

Estas leis, cujos enunciados damos a seguir, não são totalmente novas para nós, que já as aplicamos nos circuitos em série e em paralelo, embora sem fazer referência a Kirchhoff. Com mais algumas convenções e esclarecimentos ficaremos capacitados a aplicá-las no cálculo de quaisquer circuitos.

Antes, porém, vejamos o que significam três expressões que serão muito utilizadas no decorrer deste capítulo:

NÓ DE INTENSIDADE ou NÓ (ou ainda NODO) é o ponto de concorrência de três ou mais braços.

BRAÇO é uma porção de circuito que liga dois nós consecutivos, e onde todos os elementos que nele figuram estão em série:

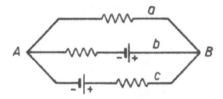

FIG. XVII-1

A e B são nós.

AaB é um braço (só elementos em série)

AbB é outro braço (só elementos em série)

AcB é outro braço (só elementos em série)

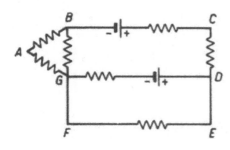

FIG. XVII-2

Neste circuito temos 3 nós (B, G e D) e 5 braços (BAG, BG, GFED, GD e DCB).

Quando partimos de um nó, realizamos um certo percurso, e voltamos ao mesmo nó, o caminho percorrido é denominado CIRCUITO FECHADO; no circuito fechado todos os elementos estão em série.

Na estrutura acima temos os seguintes circuitos fechados:

BGAB
BCDGB
DEFGD
BCDEFGAB
BCDEFGB
BCDGAB

1ª Lei de Kirchhoff

"A SOMA DAS CORRENTES QUE CHEGAM EM UM NÓ É IGUAL À SOMA DAS CORRENTES QUE DELE SE AFASTAM" ou "A SOMA ALGÉBRICA DAS CORRENTES QUE SE APROXIMAM E SE AFASTAM DE UM NÓ É IGUAL A ZERO":

$\Sigma I = 0$

Portanto, quando vários condutores se encontram em um ponto, a corrente total que flui em direção a esse ponto é igual à corrente total que dele se afasta:

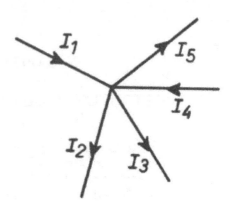

FIG. XVII-3

$I_1 + I_4 = I_2 + I_3 + I_5$

ou

$I_1 - I_2 - I_3 + I_4 - I_5 = 0$

2ª Lei de Kirchhoff

"A SOMA ALGÉBRICA DAS FORÇAS ELETROMOTRIZES NOS DIFERENTES BRAÇOS DE UM CIRCUITO FECHADO É IGUAL À SOMA ALGÉBRICA DAS QUEDAS DE TENSÃO NOS MESMOS":

$\Sigma E = \Sigma IR$

Como exemplo, na FIG. XVII-4,

$E = I R_1 + I R_2$

Na resolução de problemas com auxílio destas leis, temos de estabelecer sistemas de equações para as diversas correntes e tensões.

Fundamentos de Eletrotécnica

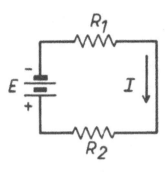

FIG. XVII-4

Chamando de "b" o número de braços e "n" o número de nós, temos tantas equações da primeira lei quantos são os nós menos um:

Equações da 1ª lei = n − 1

Temos, também, tantas equações da 2ª lei quantos são os braços menos os nós, mais um:

Equações da 2ª lei = b − n + 1

Para a obtenção das equações referentes à 2ª lei (relativa às tensões), há necessidade de seguir as normas abaixo:

1 – arbitrar um sentido para a corrente em cada braço;

2 – adotar um SENTIDO DE PERCURSO PARA CADA CIRCUITO FECHADO ou, de preferência, UM SENTIDO COMUM PARA TODOS OS CIRCUITOS FECHADOS;

3 – dar sinal negativo a toda f. e. m. que se opuser ao sentido de percurso adotado;

4 – dar sinal negativo a todo produto "IR" em que o sentido da corrente estiver em oposição ao sentido de percurso adotado.

EXEMPLO:

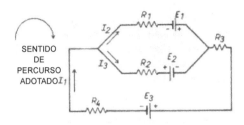

FIG. XVII-5

Temos, neste circuito, uma equação da 1ª lei:

$$I_1 = I_2 + I_3$$

Precisamos de duas equações da 2ª lei, que podem ser escolhidas entre as que vemos abaixo:

1ª) Considerando o circuito fechado formado por R_1, E_1, E_2 e R_2:

$$-E_1 - E_2 = I_2 R_1 - I_3 R_2$$

2ª) Considerando o circuito fechado formado por R_1, E_1, R_3, E_3 e R_4:

$$-E_1 + E_3 = I_2 R_1 + I_1 R_3 + I_1 R_4$$

3ª) Considerando o circuito fechado formado por R_2, E_2, R_3, E_3 e R_4:

$$E_2 + E_3 = I_3 R_2 + I_1 R_3 + I_1 R_4$$

Observação: Quando aplicamos as leis de Kirchhoff e encontramos um resultado negativo para uma corrente, entendemos que o sentido arbitrado para dar início à resolução do problema não era o verdadeiro. O valor encontrado, porém, é o real.

EXEMPLO:

Na estrutura da Fig. XVII-6 temos $R_1 = 1$ ohm, $R_2 = 1$ ohm, $R_3 = 0,6$ ohm, $R_4 = 3$ ohms e $R_5 = 5$ ohms. Considerar constante e igual a 115 volts a tensão nos terminais de cada gerador. Determinar a corrente em cada resistor, aplicando o método das leis de Kirchhoff.

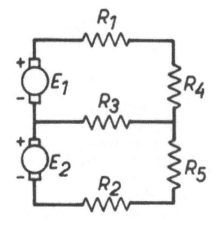

FIG. XVII-6

SOLUÇÃO:

Equações da 1ª lei:

n – 1
2 – 1 = 1

SENTIDO DE PERCURSO ADOTADO

FIG. XVII-7

Equações da 2ª lei:
b – n + 1
3 – 2 + 1 = 2

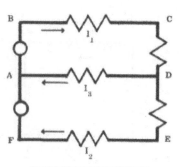

SENTIDOS CONVENCIONADOS PARA AS CORRENTES

FIG. XVII-8

Equações:

$I_1 = I_2 + I_3$
$I_1 + 3 I_1 + 0,6 I_3 = -115$
(Circuito ABCDA)
$-0,6 I_3 + 5 I_2 + I_2 = -115$
(Circuito ADEFA)
$I_1 = I_2 + I_3$
$4 I_1 + 0,6 I_3 = -115$
$-0,6 I_3 + 6 I_2 = -115$

Resolvendo o sistema encontramos:

$I_1 = -27,6$ A
$I_2 = -19,93$ A
$I_3 = -7,67$ A

Os resultados em questão mostram que os sentidos reais das correntes são opostos aos que foram arbitrados. Os valores absolutos das correntes são, porém, os procurados.

Método da Superposição

Este método é baseado no teorema da superposição: "EM UMA ESTRUTURA COM MAIS DE UMA FONTE DE FORÇA ELETROMO-

TRIZ, A CORRENTE RESULTANTE EM QUALQUER RAMO (BRAÇO) É IGUAL À SOMA ALGÉBRICA DAS CORRENTES QUE SERIAM PRODUZIDAS PELAS DIVERSAS FONTES, SE CADA UMA ATUASSE ISOLADAMENTE E AS OUTRAS FOSSEM SUBSTITUÍDAS PELAS RESPECTIVAS RESISTÊNCIAS INTERNAS".

Em outras palavras, para resolver uma estrutura ativa por este método, transformaremos a estrutura em tantos circuitos quantos forem os geradores; em cada circuito será considerado apenas um dos geradores, e dos outros só serão tomadas as resistências internas. Em seguida, cada circuito será resolvido pela aplicação do que foi aprendido no estudo dos circuitos em série, em paralelo e mistos, e serão achados valores diversos para as correntes em um dado resistor. A soma algébrica desses valores será o valor real da corrente que passa no resistor considerado.

Exemplo:

Se desejássemos determinar as correntes no circuito

CIRCUITOS OBTIDOS APÓS A DECOMPOSIÇÃO

FIG. XVII-10

Resolveríamos, então, estes circuitos mistos e, em seguida, efetuaríamos a soma algébrica dos valores encontrados para as correntes; os sentidos reais das diversas correntes seriam determinados pelos maiores valores absolutos:

$$I_1 = i_1 - i_1'$$
$$I_2 = i_2 - i_2'$$
$$I_3 = i_3 + i_3'$$

EXEMPLO:

Determinar I_1, I_2 e I_3, aplicando o método da superposição.

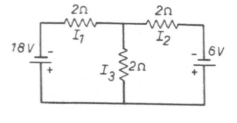

FIG. XVII-11

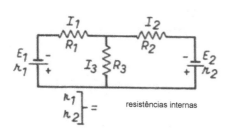

FIG. XVII-9

transformaríamos o mesmo nos circuitos a seguir:

SOLUÇÃO:

Decompondo o circuito e resolvendo as novas estruturas:

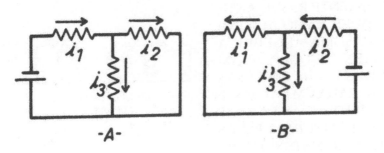

FIG. XVII-12

$\dfrac{2}{2} = 1\ \Omega$

$1 + 2 = 3\ \Omega = R_t$

$\dfrac{18}{3} = 6A = i_1$

$6 \times 2 = 12\ V$

$18 - 12 = 6\ V$

$i_2 = i_3 = \dfrac{6}{2} = 3A$

$\dfrac{2}{2} = 1\ \Omega$

$1 + 2 = 3\ \Omega = R_t$

$\dfrac{6}{3} = 2A = i_2'$

$2 \times 2 = 4\ V$

$6 - 4 = 2\ V$

$i_1' = i_3' = \dfrac{2}{2} = 1\ A$

$I_2 = 3 - 2 = 1\ A$
$I_1 = 6 - 1 = 5\ A$
$I_3 = 3 + 1 = 4\ A$

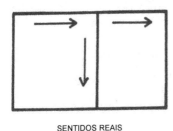

SENTIDOS REAIS
DAS CORRENTES

FIG. XVII-13

Método das Malhas ou das Correntes Cíclicas de Maxwell

Vejamos, inicialmente, o que se entende por MALHA, observando a estrutura ao lado:

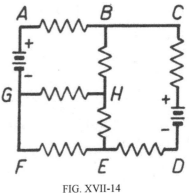

FIG. XVII-14

Neste circuito temos três malhas:
ABHGA
BCDEHB
GHEFG

Concluímos que uma malha é um circuito fechado, com a particularidade de que duas malhas SÓ PODEM TER UM BRAÇO COMUM, e um braço não pode pertencer a mais de duas malhas.

Maxwell imaginou uma modalidade de corrente, CORRENTE CÍCLICA ou DE MALHA, de modo que, quando se considera uma malha, em lugar de se apreciar a corrente que circula em cada braço aprecia-se a corrente que circula na malha.

A corrente que percorre o braço que limita duas malhas vizinhas é a soma ou a diferença das correntes dessas malhas, dependendo de serem iguais ou não os sentidos arbitrados para as correntes das duas malhas.

Normalmente, considera-se o sentido das correntes cíclicas como o que realizam os ponteiros de um relógio, e, assim, para esse sentido; a corremte que passa no braço que limita duas malhas vizinhas é a diferença entre as duas correntes de malha.

Por convenção, adota-se o seguinte (considerando uma estrutura com três malhas):

R_{1-1} = resistência total da malha 1
R_{2-2} = resistência total da malha 2
R_{3-3} = resistência total da malha 3

NOTA: a resistência total de uma malha é a soma de todas as suas resistências.

$R_{1-2} = R_{2-1}$ = valor da resistência do braço que limita as malhas 1 e 2

$R_{1-3} = R_{3-1}$ = valor da resistência do braço que limita as malhas 1 e 3

$R_{2-3} = R_{3-2}$ = valor da resistência do braço entre as malhas 2 e 3

E_1 = soma algébrica das forças eletromotrizes da malha 1
E_2 = soma algébrica das forças eletromotrizes da malha 2
E_3 = soma algébrica das forças eletromotrizes da malha 3

Na resolução de uma estrutura, temos tantas equações quantas são as malhas, obedecendo ao seguinte:

$R_{1-1} I_1 + R_{1-2} I_2 + R_{1-3} I_3 + ... = E_1$
$R_{2-1} I_1 + R_{2-2} I_2 + R_{2-3} I_3 + ... = E_2$
$R_{3-1} I_1 + R_{3-2} I_2 + R_{3-3} I_3 + ... = E_3$

OBSERVAÇÕES:

1 – Nestas equações, todos os termos que correspondem às resistências totais das malhas são positivos.

2 – Os termos que se referem às resistências dos braços que separam malhas são positivos quando as correntes de malha que os percorrem têm o mesmo sentido; no caso contrário, são negativos.

3 – Uma f. e. m. é positiva quando sua polaridade não se opõe ao sentido arbitrado para a corrente de malha; quando a polaridade da f. e. m. se opõe ao sentido da corrente de malha, recebe um sinal negativo.

Exemplo:

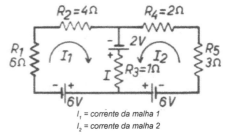

I_1 = corrente da malha 1
I_2 = corrente da malha 2

FIG. XVII-15

Neste caso,

$I = I_1 + I_2$
I = corrente no braço que limita as malhas

Podemos escrever:

$R_{1\text{-}1} I_1 + R_{1\text{-}2} I_2 = E_1$

$R_{2\text{-}1} I_1 + R_{2\text{-}2} I_2 = E_2$

- - -

$11 I_1 + I_2 = 6 - 2$

$I_1 + 6 I_2 = 6 - 2$

$11 I_1 + I_2 = 4$

$I_1 + 6 I_2 = 4$

A resolução deste sistema, combinado com a equação

$I = I_1 + I_2$,

dá as correntes que passam nos diversos resistores.

Quando se encontra um valor negativo para uma corrente, entende-se que o sentido arbitrado para a mesma não é o verdadeiro.

O sentido da corrente num braço que limita duas malhas é igual ao sentido verdadeiro da maior corrente de malha que o percorre.

As equações práticas dadas acima podem ser justificada com a solução do mesmo problema pelas leis de Kirchhoff:

No circuito ABEFA:

$6 I_1 + 4 I_1 + I_3 = -2 + 6$
$10 I_1 + I_3 = 4$
ou
$10 I_1 + I_1 + I_2 = 4$
$11 I_1 + I_2 = 4$

Pode-se observar que $11 I_1$ corresponde ao termo $R_{1\text{-}1} I_1$ do método de Maxwell, e que I_2 corresponde ao termo $R_{1\text{-}2} I_2$ do mesmo processo.

No circuito BCDEB:

$-2 I_2 - 3 I_2 - I_3 = -6 + 2$
$-5 I_2 - I_3 = -4$
ou
$-5 I_2 - I_1 = I_2 = -4$
$-I_1 - 6 I_2 = -4$
$I_1 + 6 I_2 = 4$

Aqui também se observa que I_1 corresponde ao termo $R_{2\text{-}1} I_1$ do método de Maxwell, e $6 I_2$ corresponde ao termo $R_{2\text{-}2} I_2$ do mesmo processo.

Vê-se, portanto, que o método de Maxwell é apenas uma simplificação do método que aplica as Leis de Kirchhoff.

EXEMPLO:

Calcular, na estrutura abaixo, a corrente através do resistor de 600 ohms, aplicando o método das correntes cíclicas de Maxwell.

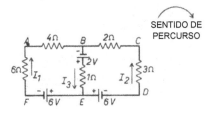

FIG. XVII-16

$I_3 = I_1 + I_2$

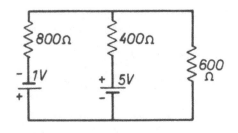

FIG. XVII-17

SOLUÇÃO:

Precisamos de duas equações:

$R_{1-1} I_1 + R_{1-2} I_2 = E_1$
$R_{2-1} I_1 + R_{2-2} I_2 = E_2$

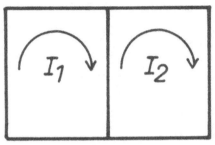

SENTIDOS ARBITRADOS PARA AS CORRENTES DAS MALHAS

FIG. XVII-18

$1.200 I_1 - 400 I_2 = 1 + 5$
$- 400 I_1 + 1.000 I_2 = - 5$

Resolvendo o sistema encontramos:

$I_2 = 0,003$ A

O sinal (-) indica que a corrente no resistor de 600 ohms tem o sentido de baixo para cima, e não como foi arbitrado.

Teorema de Thévenin

Este teorema, também conhecido como teorema de Helmholtz-Thévenin, é uma aplicação do teorema da superposição.

Afirma esta proposição que "PARA DETERMINAR A CORRENTE EM UM RESISTOR "R" LIGADO A DOIS TERMINAIS DE UMA ESTRUTURA QUE CONTÉM FONTES DE FORÇA ELETROMOTRIZ E RESISTORES, A ESTRUTURA PODE SER SUBSTITUÍDA POR UMA ÚNICA FONTE COM UM RESISTOR "R_0" EM SÉRIE. ESTA FORÇA ELETROMOTRIZ ÚNICA, DESIGNADA POR "E_0", É IGUAL À DIFERENÇA DE POTENCIAL ENTRE OS TERMINAIS DA ESTRUTURA QUANDO O RESISTOR "R" É RETIRADO; O RESISTOR "R_0" É IGUAL À RESISTÊNCIA EQUIVALENTE DA ESTRUTURA SEM O RESISTOR "R", ISTO É, A RESISTÊNCIA DA ESTRUTURA VISTA DOS TERMINAIS DE ONDE FOI RETIRADO O RESISTOR "R".

Assim, se desejássemos calcular a intensidade da corrente no resistor de 4 ohms da figura abaixo,

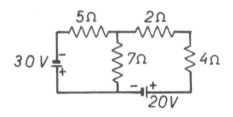

FIG. XVII-19

consideraríamos a figura seguinte:

CIRCUITO EQUIVALENTE DE THÉVENIN

FIG. XVII-20

e a intensidade da corrente no resistor em apreço seria

$$I = \frac{E_o}{R_o + R}$$

EXEMPLO:

Aplicando o teorema de Thévenin, determinar a corrente no resistor de 4 ohms.

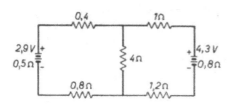

FIG. XVII-21

SOLUÇÃO

É conveniente dividir a solução do problema em duas partes: cálculo de "R_0" e cálculo de "E_0".

Cálculo de "R_0"

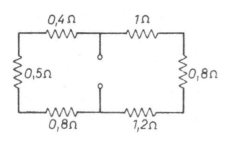

FIG. XVII-22

$0,4 + 0,5 + 0,8 = 1,7 \, \Omega$

$1 + 0,8 + 1,2 = 3 \, \Omega$

$$R_0 = \frac{3 \times 1,7}{3 + 1,7} = 1 \, \Omega \text{ aprox.}$$

Cálculo de "E_0"

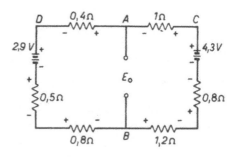

FIG. XVII-23

OBSERVAÇÕES: Para melhor compreensão, as resistências internas foram simbolizadas ao lado dos símbolos das fontes.

– Também com o mesmo objetivo foram indicados os potenciais relativos nos extremos dos resistores; observar que as fontes estão em oposição.

Tensão total = 4,3 – 2,9 = 1,4 V
Resistência total = 0,8 + 1,2 + +0,8 + 0,5 + 0,4 + 1 = 4,7 Ω

Corrente no circuito $= \dfrac{1,4}{4,7} = 0,29 A$

Tensões nos resistores:

0,8 x 0,29	=	0,232 V
1,2 x 0,29	=	0,348 V
0,8 x 0,29	=	0,232 V
0,5 x 0,29	=	0,145 V
0,4 x 0,29	=	0,116 V
1 x 0,29	=	0,29 V

O valor de "E_0" é dado pela soma das tensões no braço "ACB" ou no braço "ADB". Portanto:

$E_0 = -0,29 + 4,3 - 0,232 - 0,348 =$
$= 3,43$ V

A corrente no resistor de 4 ohms:

$$I = \frac{E_0}{R_0 + R} = \frac{3,43}{1+4} = 0,68 A$$

Circuitos Equivalentes de Três Fios

Há combinações especiais de três resistores ou condutores que não podem ser simplificadas como os circuitos em série, em paralelo e mistos. É verdade que podemos resolvê-las aplicando os novos métodos já apresentados neste capítulo, mas, em face de serem encontradas com tanta freqüência, fazemos uso de regras especiais para sua solução.

Uma dessas ligações, a ligação ESTRELA, poderá ser encontrada numa das formas abaixo:

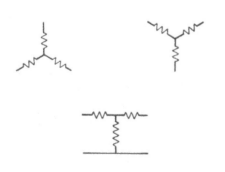

FIG. XVII-24

Este tipo de ligação é conhecido também como ligação "Y" ou "T".

O outro tipo é chamado ligação TRIÂNGULO, e recebe também as denominações de ligação Δ (delta) ou π (pi):

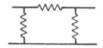

FIG. XVII-25

É possível converter um tipo de ligação em outro, e, para tanto, devemos raciocinar do seguinte modo:

Transformação Triângulo-Estrela

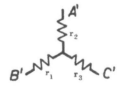

FIG. XVII-26

(1)
$$R_{AB} \text{ deverá ser igual à } R_{A'B'}$$
$$R_{BC} \text{ deverá ser igual à } R_{B'C'}$$
$$R_{AC} \text{ deverá ser igual à } R_{A'C'}$$

Podemos verificar que

(2)
$$R_{AB} = \frac{R_3(R_2 + R_1)}{R_1 + R_2 + R_3} = \frac{R_1R_3 + R_2R_3}{R_1 + R_2 + R_3} \Bigg\}$$

Porque "R_1" e "R_2" estão em série e o conjunto em paralelo com "R_3"

$$R_{AC} = \frac{R_1R_2 + R_1R_3}{R_1 + R_2 + R_3}$$

POR MOTIVOS SEMELHANTES AO CITADO ACIMA

$$R_{BC} = \frac{R_1R_2 + R_2R_3}{R_1 + R_2 + R_3}$$

Para que haja equivalência entre as ligações acima,

(3)
$$R_{A'B'} = r_2 + r_1$$
$$R_{B'C'} = r_1 + r_3$$
$$R_{A'C'} = r_2 + r_3$$

Tendo em vista a chave (1), teremos:

(4)
$$r_2 + r_1 = \frac{R_1R_3 + R_2R_3}{R_1 + R_2 + R_3} \quad (a)$$

$$r_1 + r_2 = \frac{R_1R_2 + R_2R_3}{R_1 + R_2 + R_3} \quad (b)$$

$$r_2 + r_3 = \frac{R_1R_2 + R_1R_2}{R_1 + R_2 + R_3} \quad (c)$$

Se somarmos membro a membro "a", "b" e "c", encontraremos (depois de dividir ambos os membros por 2):

$$\frac{R_1R_2 + R_2R_3 + R_1R_3}{R_1 + R_2 + R_3} = r_1 + r_2 + r_3 \quad (d)$$

Se agora subtrairmos, membro a membro, "d" de "a", "d" de "b" e "d" de "c", teremos:

$$r_3 = \frac{R_1R_2}{R_1 + R_2 + R_3} \quad (e)$$

$$r_2 = \frac{R_1R_3}{R_1 + R_2 + R_3} \quad (f)$$

Fórmulas para a transformação Triângulo-Estrela

$$r_1 = \frac{R_2R_3}{R_1 + R_2 + R_3} \quad (g)$$

Transformação Estrela-Triângulo

Para obter as fórmulas que permitirão transformar uma ligação estrela em uma na forma de triângulo, bastará multiplicar, membro a membro, a expressão (g) pela expressão (f), e em seguida a expressão (g) pela expressão (e), e depois (f) por (e).

Somando esses resultados membro a membro, e dividindo respectivamente por "r_3", "r_2" e "r_1", encontraremos:

$$R_1 \frac{r_1r_2 + r_1r_3 + r_2r_3}{r_1}$$

$$R_2 = \frac{r_1r_2 + r_1r_3 + r_2r_3}{r_2}$$

Fórmulas para a Transformação Estrela-Triângulo

$$R_3 = \frac{r_1r_2 + r_1r_3 + r_2r_3}{r_3}$$

O dispositivo prático abaixo, observadas as posições relativas do triângulo e da estrela, torna mais fácil a aplicação deste método para simplificação de estruturas. Ao lado do mesmo damos um exemplo de transformação estrela--triângulo:

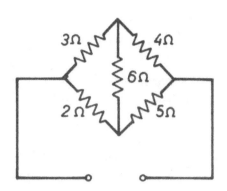

FIG. XVII-28

SOLUÇÃO:

Faremos a seguinte transformação:

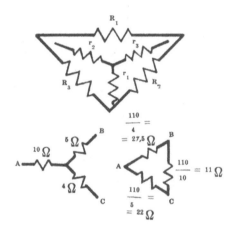

FIG. XVII-27

EXEMPLO:

Dado o circuito a seguir, transformá-lo em outro equivalente, aplicando o método da transformação triângulo-estrela, e achar sua resistência equivalente.

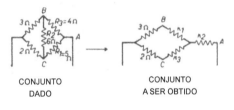

FIG. XVII-29

Fórmulas:

$$r_1 = \frac{R_2 R_3}{R_1 + R_2 + R_3}$$

$$r_2 = \frac{R_1 R_3}{R_1 + R_2 + R_3}$$

$$r_3 = \frac{R_1 R_2}{R_1 + R_2 + R_3}$$

$$r_1 = \frac{6 \times 4}{5+6+4} = \frac{24}{15} = 1,6 \Omega$$

$$r_2 = \frac{5 \times 4}{15} = 1,33 \Omega$$

$$r_3 = \frac{5 \times 6}{15} = 2 \Omega$$

A resistência equivalente do circuito:

$$3 + 1,6 = 4,6 \, \Omega$$

$$2 + 2 = 4 \, \Omega$$

$$R_t = 1,33 + \frac{4,6 \times 4}{4,6 + 4} = 3,46 \Omega$$

PROBLEMAS

ESTRUTURAS DE C.C.

1 – Determinar a corrente em cada seção do circuito, pelo princípio de superposição.

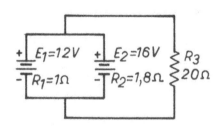

FIG. XVII-30

R.: $I_1 = 1,02$ A; $I_2 = 1,67$ A
$I_3 = 0,65$ A

2 – determinar a corrente em cada seção do circuito, pelo princípio de superposição. Determinar também as tensões em R_6 e R_7.

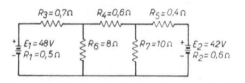

FIG. XVII-31

R.: $I_1 = 6,4$ A; $I_2 = 2,52$ A
$I_3 = 6,4$ A; $I_4 = 1,4$ A
$I_5 = 2,52$ A; $I_6 = 5,04$ A
$I_7 = 3,95$ A; $E_6 = 40,32$ V
$E_7 = 39,5$ V

3 – Determinar os valores das correntes nos resistores de 100 ohms e 85 ohms, aplicando o método das correntes cíclicas de Maxwell.

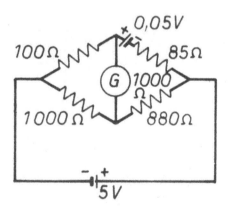

FIG. XVII-32

R.: 0,000 4 A; 0,01 A

4 – Determinar o sentido e a intensidade da corrente através do resistor de 25 ohms. Aplicar o método das correntes cíclicas de Maxwell.

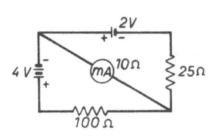

FIG. XVII-33

FIG. XVII-34

R.: 0,04 A

5 – No circuito, determinar a intensidade da corrente no resistor de 4 ohms.

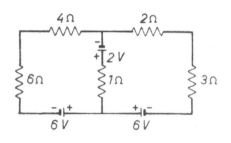

FIG. XVII-35

R.: 0,3 A

6 – Calcular a intensidade da corrente no braço onde está o resistor de 5 ohms.

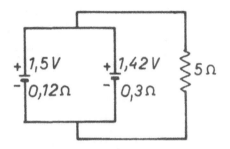

FIG. XVII-36

R.: 0,29 A

7 – Na estrutura, determinar a corrente através do resistor de 8 ohms.

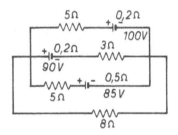

FIG. XVII-37

R.: 9 A

8 – Determinar a corrente no resistor de 8 ohms.

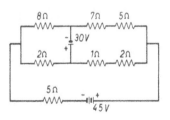

FIG. XVII-38

R.: 2 A

CAPÍTULO XVIII

INTENSIDADE DE CAMPO ELÉTRICO.
LEI DE COULOMB. CAPACITÂNCIA

Em um dos capítulos anteriores iniciamos o estudo da Eletrostática e, naquela oportunidade, definimos CAMPO ELÉTRICO ou CAMPO ELETROSTÁTICO como a região em torno de um corpo eletrizado na qual podem ser observadas as ações que o corpo carregado é capaz de exercer sobre outros corpos com carga ou não. Voltando ao estudo da Eletrostática é oportuno esclarecer que certos autores fazem distinção entre CAMPO ELÉTRICO e CAMPO ELETROSTÁTICO, ou melhor, consideram o campo eletrostático como uma modalidade do campo elétrico. Assim, dizem existir um campo elétrico numa região, quando uma carga elétrica colocada na mesma experimenta uma força mecânica; o campo eletrostático é um campo elétrico associado com cargas elétricas em repouso, com relação ao observador.

Teorema de Gauss

O teorema de Gauss afirma que o fluxo elétrico total que atravessa qualquer superfície fechada é numericamente igual à carga no interior dessa superfície.

Embora a afirmação em apreço não possa ser provada, nada há que contrarie os resultados obtidos com base na mesma, justificando assim a sua designação como teorema.

Intensidade de Campo Elétricos (E)

Um dos efeitos bem característicos de um campo elétrico é a força mecânica que atua sobre qualquer carga elétrica colocada no mesmo. O valor dessa força varia normalmente de ponto para ponto do campo, diminuindo à medida que os pontos considerados ficam mais afastados da carga que originou o campo.

Designa-se por INTENSIDADE DE UM CAMPO ELÉTRICO EM UM CERTO PONTO a força que age sobre a unidade de carga elétrica colocada nesse ponto:

$$E = \frac{F}{Q}$$

E = intensidade do campo elétrico EM NEWTONS/COULOMB (N/C)

F = força, em NEWTONS (N)

Q = carga elétrica, em COULOMBS (C)

Fundamentos de Eletrotécnica

A intensidade de campo elétrico é uma grandeza vetorial, apenas numericamente igual à força exercida sobre a carga unitária colocada no campo; sua direção e seu sentido são os mesmos da força.

Permissividade (ε)

Permissividade é a relação entre a densidade de fluxo elétrico (D) e a intensidade de campo elétrico (E)

$$\varepsilon = \frac{D}{E}$$

Esta grandeza exprime a influência que o meio exerce na criação de um campo elétrico.

Se fizermos um mesmo capacitor adquirir várias cargas diferentes, tendo o cuidado de anotar os valores da densidade de fluxo elétrico e da intensidade de campo referentes a cada carga, observaremos que o quociente D/E não se altera. Entretanto, se trocarmos o dielétrico do capacitor e efetuarmos a mesma série de cargas, observaremos que o resultado da divisão em apreço continuará sendo constante, porém diferente do valor determinado com o outro dielétrico.

Como as placas não sofreram alteração e as cargas nas duas experiências foram as mesmas, é evidente que as densidades de fluxo nos dois casos foram também iguais, tendo havido mudança, portanto, nos valores das intensidades do campo entre as placas do capacitor.

A permissividade de um material, ou sua PERMISSIVIDADE ABSOLUTA, é dada em FARADS/METRO (F/m).

Como permissividade padrão foi escolhida a do vácuo, cujo valor é

$\varepsilon_0 = 8,85 \times 10\text{-}12 \ F/m$

ε_0 = símbolo especial escolhido para a permissividade do vácuo

A relação entre a permissividade absoluta de um material qualquer e a permissividade do vácuo é chamada PERMISSIVIDADE RELATIVA DO MATERIAL

$$\varepsilon_r = \frac{\varepsilon}{\varepsilon_0}$$

A permissividade relativa de um material, também conhecida como CONSTANTE DIELÉTRICA do material, depende da sua composição, da sua pureza, da temperatura, etc., e é apenas um número abstrato, encontrado em tabelas organizadas experimentalmente.

Lei de Coulomb

Para que possamos entender a expressão que permite o cálculo da força entre cargas que se atraem e se repelem, vejamos como se pode determinar a intensidade do campo elétrico produzido por uma carga "Q", sem a utilização de uma carga de prova, como foi analisado no início deste capítulo.

Suponhamos que desejamos determinar a intensidade do campo elétrico produzido por uma carga "Q", em um ponto situado a uma distância "r" da mesma. Admitindo a existência de uma superfície esférica fechada de raio "r", no centro da qual estaria colocada a carga em questão, podemos escrever que a densidade de fluxo na superfície dessa esfera é

$$D = \frac{Q}{4 \ \pi \ r^2}$$

Vimos nos parágrafos anteriores que

$$E = \frac{D}{\varepsilon}$$

e portanto,

$$E = \frac{Q/4\pi r^2}{\varepsilon}$$

$$E = \frac{Q}{4\pi r^2 \varepsilon}$$

Uma equação para determinar a força de atração ou de repulsão entre duas cargas elétricas (Q_1 e Q_2) pode ser obtida a partir do seguinte raciocínio:

No ponto onde está a carga Q_2, a intensidade do campo produzido por Q_1 é

$$E = \frac{Q_1}{4\pi r^2 \varepsilon}$$

e a força que atua sobre Q_2 é

$$F = E\, Q_2 = \frac{Q_1 Q_2}{4\pi r^2 \varepsilon}$$

Evidentemente, "Q_2" age sobre "Q_1" com uma força igual e oposta, e a expressão

$$F = \frac{Q_1 Q_2}{4\pi r^2 \varepsilon}$$

"Q_1" e "Q_2" = em COULOMBS (C)
r = em METROS (m)
F = em NEWTONS (N)
ε = em FARADS/METRO (F/m)

corresponde à Lei de Coulomb já enunciada em capítulo anterior. Resumindo, concluímos que a força de atração ou de repulsão entre duas cargas elétricas é

a) diretamente proporcional ao produto de suas cargas;
b) inversamente proporcional ao quadrado da distância entre elas;
c) inversamente proporcional à permissividade do meio que separa as cargas.

Coulomb chegou a esta conclusão experimentalmente, utilizando um dispositivo chamado balança de torção, não fazendo referência, porém, à influência exercida pelo meio.

Gradiente de Potencial Elétrico

Quando ligamos duas placas condutoras planas e paralelas separadas por umn isolante a uma fonte de C.C. (Fig. XVIII-1), elas adquirem cargas

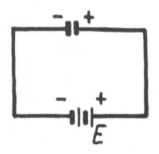

FIG. XVIII-1

e estabelece-se entre as mesmas uma d. d. p. igual à existente entre os terminais da fonte. O campo elétrico entre as placas, não muito perto das extremidades das mesmas, é uniforme. Isto quer dizer que a intensidade do campo é sempre a mesma, seja qual for a parte do campo considerada. Realmente, qualquer carga de prova colocada entre as placas fica sujeita a uma força de valor constante, resultante da soma das forças de atração e repulsão, exercidas pelas placas. À medida que a carga se aproxima de uma das placas, a força de atração torna-se maior, mas a de repulsão diminui na mesma razão.

A intensidade do campo elétrico neste caso pode ser calculada com qualquer das expressões estudadas e também com uma nova equação

$$E = \frac{E}{d}$$

E = d. d. p. entre as placas, em VOLTS (V)

d = distância entre as placas, em ME-TROS (m)

E = intensidade do campo elétrico entre as placas, em VOLTS/ME-TRO (V/m) (o mesmo que N/C).

A expressão acima é justificada pelo seguinte raciocínio:

Havendo uma d. d. p. (E) entre as placas, o trabalho para transportar uma carga positiva (Q), por exemplo, da placa negativa para a positiva, é igual a

$$W = E \, Q$$

De acordo com o que já foi estudado, a força que atua sobre a carga é

$$F = E \, Q$$

Ora, designado a distância entre as placas pela letra **d**, o trabalho efetuado no transporte da carga é igual também a

$$W = E \, Q \, d$$

Do exposto, podemos concluir que

$$E \, Q = E \, Q \, d$$

donde

$$E = \frac{E \, Q}{Q \, d}$$

e

$$E = \frac{E}{d}$$

Se aplicássemos uma das pontas de prova de um voltímetro eletrostático a uma das placas e fôssemos movendo a outra ponta de prova, segundo uma das linhas de força, no espaço entre as placas, observaríamos que o voltímetro acusaria valores diversos, indicando o máximo quando cada ponta de prova estivesse em contato com uma das placas.

Tudo ocorreria como se a linha de força fosse um divisor de tensão, com a tensão máxima entre seus extremos (as placas).

Por este motivo falamos de GRA-DIENTE DE POTENCIAL, que neste caso se confunde numericamente com a intensidade do campo elétrico.

Esta característica do campo elétrico é de particular interesse em Eletrônica, como nos campos elétricos entre os elementos de uma válvula.

Capacitor de Placas Planas e Paralelas

A permissividade do meio entre as placas de um capacitor é a relação

$$\varepsilon = \frac{D}{E}$$

Sabemos que

$$D = \frac{Q}{S} \quad e \quad E = \frac{E}{d}$$

donde

$$\varepsilon = \frac{Q/S}{E/d} = \frac{Q}{S} \times \frac{d}{E} = \frac{Q}{E} \times \frac{d}{S}$$

Mas

$$\frac{Q}{E} = C$$

logo

$$\varepsilon = \frac{Cd}{S}$$

Da equação acima concluímos que

$$C = \frac{\varepsilon\, S}{d}$$

- C = capacitância de um capacitor de placas planas e paralelas, em FARADS (F)
- ε = permissividade do dielétrico do capacitor, em FARADS/METRO (F/m)
- S = área útil de uma das placas (parte relacionada com o campo entre as placas), em METROS QUADRADOS (m2)
- d = distância entre as placas do capacitor, em METROS (m). Este fator confunde-se com a espessura do dielétrico.

Para melhor aproveitamento do espaço, as placas do capacitor podem ser construídas como mostra a Fig. XVIII-2.

Duas plaquinhas formam um pequeno capacitor e a capacitância do conjunto é a soma das capcitâncias parciais. É fácil concluir que o número de pequenos capacitores é sempre igual ao número de plaquinhas menos 1.

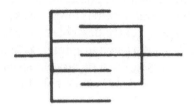

ARRANJO PARA MELHOR
APROVEITAMENTO DO
ESPAÇO DISPONÍVEL

FIG. XVIII-2

Quando todas as capacitâncias parciais são iguais, a capacitância total é dada pela expressão

$$C = \frac{\varepsilon\, (n-1)\, S}{d}$$

n = número de plaquinhas

EXEMPLOS:

1 – Um corpo com uma carga de – 0,05 C foi colocado no campo elétrico existente entre duas placas condutoras paralelas. Sabendo que ele foi submetido a uma força de 0,4 N, quando estava a 2 centímetros da placa positiva, dizer o valor da força que suportou quando estava a 5 centímetros da mesma placa. Determinar, também, a intensidade do campo nos dois pontos considerados.

SOLUÇÃO:

Num campo entre placas condutoras planas e paralelas a intensidade é constante, logo a força que age sobre o mesmo corpo colocado em diversos pontos também é constante. Assim,

Fundamentos de Eletrotécnica

$$F = 0,4 \text{ N}$$

A intensidade do campo é

$$E = \frac{F}{Q}$$

$$E = \frac{0,4}{0,05} = 8 \, \text{N/C}$$

2 – A distância entre duas placas condutoras planas e paralelas é de 0,003 m. Determinar a diferença de potencial entre elas, sabendo que a intensidade de campo é de 5.000 V/m.

SOLUÇÃO:

$$E = E\,d = 5.000 \times 0,003 = 15 \text{ V}$$

3 – Duas cargas positivas iguais estão no ar, separadas por uma distância de 5 centímetros, e a força de repulsão entre elas é de 0,16 N. Qual é o valor de cada carga?

SOLUÇÃO:

$$F = \frac{Q_1 Q_2}{4\,\pi\,r^2\,\varepsilon} \quad \Big| \quad Q_1 = Q_2 = Q$$

$$F = \frac{Q^2}{4\,\pi\,r^2\varepsilon}$$

$$Q = \sqrt{4\,\pi\,r^2\,\varepsilon\,F}$$

$$Q = \sqrt{1256 \cdot 10^{-2} \cdot 25 \cdot 10^{-4} \cdot 885 \cdot 10^{-14}}$$

$$Q = 2,1 \times 10^{-6} \text{C}$$

4 – Calcular a capacitância de um capacitor formado por nove placas paralelas separadas por folhas de mica de 0,2 mm de espessura. A área de um lado de cada placa é 12 cm² e a constante dielétrica da mica é igual a 5.

SOLUÇÃO:

$$C = \frac{\varepsilon\,(n-1)\,S}{d} \quad \Big| \quad n - 1 = 9 - 1 = 8$$

$$C = \frac{8,85 \times 10^{-12} \times 5 \times 8 \times 12 \times 10^{-4}}{2 \times 10^{-4}}$$

$$C = 2124 \times 10^{-12} \text{ F}$$

PROBLEMAS

INTENSIDADE DE CAMPO ELÉTRICO. LEI DE COULOMB. CAPACITÂNCIA

1 – Determinar a carga de um corpo sabendo que ele sofreu a ação de uma força de 10 N, ao ser colocado em um ponto de um campo elétrico, onde a intensidade era de 2N/C.

R.: 5 C

2 – Um corpo com uma carga de –5 C foi colocado em um ponto de um campo elétrico cuja intensidade era de 2 N/C. Determinar a força que atuou sobre o corpo.

R.: 10 N

3 – Duas placas condutoras parale-las, separadas por uma distância de um centímetro, estão ligadas a uma fonte de 500 V. Qual a força que será exercida sobre um elétron livre entre elas?

R.: 8.015×10^{-18} N

4 – Calcular a densidade de fluxo elétrico e a intensidade de campo a uma distância de um centímetro de uma carga pontual positiva e de valor igual a 10^{-9} C. A carga está imersa em um líquido que tem uma constante dielétrica igual a 40.

R.: $7,96 \times 10^{-7}$ C/m²; 2,25 V/m

5 – Determinar a força de atração entre o elétron e o núcleo do átomo de hidrogênio, que estão separados por uma distância de $5,28 \times 10^{-9}$ centímetros. O átomo de hidrogênio só possui um elétron e o núcleo tem uma carga igual, porém de sinal oposto à do elétron. A carga do elétron é de $1,603 \times 10^{-19}$ C.

R.: $8,29 \times 10^{-8}$ N

6 – Qual o valor de um capacitor feito de duas placas metálicas separadas por uma distância de 0,1 mm, cujo dielétrico é o ar? Cada placa tem as seguintes dimensões: 12 cm de comprimento e 10 cm de largura.

R.: 1.062 pF

CAPÍTULO XIX

CIRCUITOS MAGNÉTICOS

Generalidades

Voltando ao estudo do eletromagnetismo, trataremos neste capítulo dos circuitos magnéticos e fenômenos relacionados com os mesmos.

Sabemos que para produzir um campo magnético é necessária uma força magnetomotriz, e esta é obtida fazendo-se passar uma corrente elétrica por um condutor, de preferência uma bobina, porque quanto maior o produto "NI" mais forte o campo produzido.

Também é necessário lembrar que o campo magnético produzido depende da relutância. Esta grandeza, como vimos, varia de acordo com o comprimento, a seção transversal e a permeabilidade, e sua determinação nem sempre é possível, pela dificuldade de estabelecer os limites do campo magnético.

Quando uma bobina está enrolada em um núcleo magnético (uma peça feita de material magnético), o campo magnético produzido por uma corrente fica praticamente limitado ao núcleo, dada a grande diferença entre as permeabilidades do núcleo e do ar que o cerca; a permeabilidade de um material magnético pode ser centenas de vezes maior que a do ar. A permeabilidade relativa dos materiais não- magnéticos em geral é considerada igual a 1, ou seja, têm permeabilidades iguais à do vácuo.

Chamamos de CIRCUITO MAGNÉTICO a uma região em que existe fluxo magnético. Pelo exposto no parágrafo anterior, o circuito magnético pode ser melhor observado e dimensionado, quando se trabalha com materiais magnéticos. O cálculo da relutância é, então, facilitado quanto às dimensões, mas a grandeza em questão depende da permeabilidade e, como sabemos, um mesmo material magnético apresenta permeabilidades diferentes, de acordo com a imantação adquirida.

Por este motivo, os cálculos de circuitos magnéticos não são feitos geralmente a partir da relutância. Mesmo em partes de material não-magnético que costumam existir em circuitos magnéticos de máquinas elétricas, instrumentos, etc., chamadas ENTREFERROS, não é comum considerar a relutância. A referência que estamos fazendo a esta grandeza é útil para a compreensão de outros fatores concernentes aos circuitos magnéticos.

Desde que a imantação das partes de um circuito magnético seja mantida constante, podemos afirmar o seguinte:

a) a relutância total de várias partes em série é a soma das relutâncias parciais:

$$R_t = R_1 + R_2 + R_3 + ...$$

Dizemos que as partes do circuito estão em série quando formam um único caminho, sem derivações;

b) quando as partes estão em paralelo, temos que o inverso da relutância total é a soma dos inversos das relutâncias parciais:

$$\frac{1}{R_t} = \frac{1}{R_1} + \frac{1}{R_2} + \frac{1}{R_3} + ...$$

Consideremos o circuito magnético representado na Fig. XIX-1, constituído por um núcleo retangular, de seção uniforme e feito de um único tipo de material magnético.

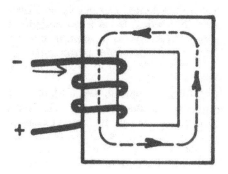

FIG. XIX-1

Nele está enrolada uma bobina percorrida por uma corrente elétrica, produtora do fluxo magnético no núcleo.

Para produzir fluxo neste circuito magnético é necessária uma força magnetomotriz. Se for mantida constante a seção do núcleo e variado o seu comprimento, verificar-se-á que será menor a força magnetomotriz necessária para produzir o mesmo fluxo, à medida que o comprimento for diminuindo.

A força magnetomotriz necessária para produzir o referido fluxo num circuito magnético de comprimento unitário (no nosso caso, UM METRO), é chamada FORÇA MAGNETIZANTE (H). É evidente que a força magnetizante num circuito magnético depende da natureza do material que o constitui e da sua seção.

Quase sempre um circuito magnético é constituído por materiais diferentes, sendo necessário o conhecimento do valor de "H" para cada parte do circuito. Conhecida esta grandeza, é fácil calcular a força magnetomotriz necessária para vencer a relutância de cada parte e produzir o fluxo desejado. Isto se consegue com a expressão Hl, correspondente ao produto da força magnetizante (H) pelo comprimento (l) da parte considerada, cujo resultado é dado em AMPÈRES.

Os produtos **Hl**, em um circuito magnético, são comparáveis aos produtos **IR** num circuito elétrico.

Os circuitos magnéticos podem ser de dois tipos:

– CIRCUITOS EM SÉRIE
– CIRCUITOS MISTOS

Nos circuitos em série, isto é, naqueles em que as diversas partes formam um único caminho, o fluxo magnético tem o mesmo valor em qualquer parte considerada.

Quando há várias partes em paralelo, a diferença de potencial magnético (Hl) entre seus extremos é a mesma, e o fluxo em cada parte é inversamente proporcional à sua relutância. O fluxo total é a soma dos fluxos parciais.

Leis de Kirchhoff para Circuitos Magnéticos

1ª lei: "Em um nó de um circuito magnético, a soma algébrica dos fluxos magnéticos que se dirigem para o mesmo e dos que dele se afastam é igual a zero".

$$\Sigma \phi = 0$$

O conceito de nó é, aqui, semelhante ao que foi visto para os circuitos elétricos.

2ª lei: "Em um circuito magnético formado por partes em série, a soma algébrica dos produtos Hl é igual à força magnetomotriz total".

$$\Sigma F = S\ Hl$$

Curvas de Magnetização

Estas curvas, também conhecidas como curvas β -H, mostram de que modo varia a densidade de fluxo num material magnético, à medida que varia a força magnetizante aplicada ao mesmo. Estas curvas, evidentemente, exprimem também a variação do fluxo magnético em função da força magnetomotriz.

A seguir são apresentadas algumas curvas de materiais magnéticos comumente utilizados (ver Apêndice 10):

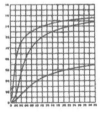

CURVAS DE MAGNETZAÇÃO

FIG. XIX-2

Estas curvas facilitam muito o cálculo dos circuitos magnéticos, tornando desnecessárias determinadas operações.

Como sabemos, a imantação do material magnético é o resultado da orientação dos seus domínios magnéticos. Não é fácil, porém, observar na curva de magnetização de um material o ponto exato correspondente à orientação total dos seus domínios, o que seria a SATURAÇÃO MAGNÉTICA TEÓRICA do mesmo. Entretanto, desde que não seja possível a observação de qualquer aumento na imantação de um material magnético, dizemos que foi atingida sua SATURAÇÃO PRÁTICA. A parte de uma curva β-H mais ou menos paralela ao eixo correspondente à força magnetizante, exprime a saturação magnética da substância considerada.

Cálculo dos Circuitos Magnéticos

Geralmente, o cálculo de um circuito magnético tem sua origem no desejo de ser obtido um determinado fluxo. As dimensões do circuito, bem como os materiais que o constituem, são, de ordinário, conhecidos.

Há, porém, casos em que são feitas várias tentativas para a obtenção dos resultados almejados.

Além disso é conveniente lembrar que a perda de fluxo é um fato, porque apesar da permeabilidade muito maior do núcleo sempre há fluxo no ar (ou qualquer material em torno do núcleo). Em certas máquinas, essas perdas podem variar de 10% a 20%.

Para facilidade de cálculo, sempre com uma visão ampla do problema adota-se o quadro abaixo:

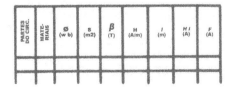

FIG. XIX-3

Todo o trabalho consiste em completar o quadro em apreço, aplicando o conhecimento adquirido.

Conhecida a densidade de fluxo num material magnético, basta consultar sua curva de magnetização para determinar a força magnetizante, e vice-versa. Se o material não for magnético (ENTRE-FERRO), uma dessas grandezas pode ser determinada a partir da outra, com auxílio da expressão

$$\beta = \mu H$$

em que a permeabilidade é igual a 4 π x 10^{-7} H/m.

Um detalhe importante no cálculo referente aos entreferros é o da sua seção transversal. Aparentemente esta grandeza deveria ser a mesma da parte magnética do circuito, pois o entreferro fica situado entre duas partes de material magnético, mas tal não ocorre, e o campo no entreferro tende a se dispersar, o que diminui a densidade de fluxo no mesmo. Quanto maior o comprimento do entreferro maior a dispersão e menor a densidade de fluxo .

Por este motivo, a seção transversal efetiva de um entreferro é normalmente calculada adicionando-se às dimensões da seção da parte magnética uma quantidade igual ao comprimento do entreferro.

Por exemplo, se a seção transversal de um núcleo de ferro fosse um retângulo de 3 x 3,5 cm, e no mesmo houvesse um entreferro de 5 mm, faríamos o seguinte cálculo para determinar a seção efetiva do entreferro:

$$3 + 0,5 = 3,5 \text{ cm}$$

$$3,5 + 0,5 = 4 \text{ cm}$$

$$S = 3,5 \times 4 = 14 \text{ cm}^2$$

Força Magnética entre Duas Superfícies que Limitam um Entreferro

As superfícies que limitam um entreferro exercem atrações mútuas. A força entre as duas partes, que se exerce no sentido de fechar o entreferro, é calculada com a expressão

$$F = \frac{\beta^2 S}{2 \mu}$$

F = força entre as superfícies, em NEWTONS (N)

S = seção transversal efetiva do entreferro, em METROS QUADRADOS (m^2)

β = densidade de fluxo magnético, em TESLAS (T)

μ = permeabilidade do entreferro, em HÉNRYS/METRO (H/m)

Materiais Diamagnéticos, Paramagnéticos e Ferromagnéticos

Esta classificação é feita em função da permeabilidade dos diversos materiais.

Dá-se a denominação de DIAMAGNÉTICA a qualquer substância que apresente uma permeabilidade ligeiramente menor que a do vácuo. Cobre, prata, hidrogênio, antimônio, vidro, mercúrio, bismuto, chumbo e água são substâncias diamagnéticas que, colocadas em um campo magnético, parecem experimentar uma diminuta força da repulsão.

Alguns materiais, chamados PARAMAGNÉTICOS, apresentam permeabilidades pouco maiores que a do vácuo, sendo ligeiramente magnéticos. Deste grupo fazem parte o ar, o oxigênio, a platina e o alumínio.

Os materiais FERROMAGNÉTICOS são os que apresentam, verdadeiramente, propriedades magnéticas. Suas permeabilidades são centenas e até centenas de milhares de vezes maiores que a do vácuo. Estas são as substâncias que temos chamado de MAGNÉTICAS desde que iniciamos o nosso estudo do magnetismo.

Para fins práticos, os materiais paramagnéticos e diamagnéticos são considerados como tendo permeabilidades iguais à do vácuo, e são denominados MATERIAIS NÃO-MAGNÉTICOS.

Histerese

As relações entre a densidade de fluxo magnético e a força magnetizante para certos materiais, expressas pelas suas curvas de magnetização, dependem não só da força magnetomotriz utilizada como também do histórico magnético desses materiais. Isto significa que essas substâncias não voltam a sua situação magnética primitiva, após serem submetidas a um processo de magnetização.

Se uma amostra de um material ferromagnético sem qualquer imantação inicial fosse submetida a uma força magnetizante crescente, sua curva de magnetização seria semelhante à da figura abaixo (de "O" para "A"):

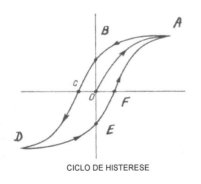

CICLO DE HISTERESE

FIG. XIX-4

A redução da força magnetizante a zero deveria fazer cair também a zero o valor da densidade de fluxo. Entretanto, isto não ocorre, e o material permanece com alguma imantação (**OB**, na figura); este resíduo é chamado DENSIDADE DE FLUXO REMANENTE (REMANESCENTE ou RESIDUAL). O maior valor da densidade de fluxo residual, que é conseguido com a imantação da amostra até a saturação, é conhecido como REMANÊNCIA do material.

Para fazer desaparecer o magnetismo residual é necessário imantar o material em sentido contrário. A força magnetizante necessária para anular a densidade de fluxo remanente é chamada FORÇA COERCIVA, e o maior valor desta força, justamente o correspondente ao maior valor da densidade de fluxo remanente, é chamado COERCIVIDADE do material.

O aumento progressivo da força magnetizante, sua redução posterior, e novo aumento no sentido inicial da experiência provocam a variação da densidade de fluxo do modo observado na figura (traçado CDEFA).

O retardamento observado na variação da densidade de fluxo justifica o nome de HISTERESE adotado para designar o fenômeno em apreço, pois esta palavra significa atraso, retardamento.

A curva completa (ABCDEFA) obtida é denominada CICLO ou CURVA DE HISTERESE. É também conhecida como LAÇO DE HISTERESE.

O fluxo remanente é causa de perda de energia, quando um material é submetido a uma força magnetizante alternada. Naturalmente, esta perda é maior quando o material tem grande remanência.

O cálculo das perdas de histerese é feito com a fórmula empírica de STEINMETZ:

$$P = k \, V \, f \, \beta^{x}_{max}$$

P = potência perdida por histerese, em WATTS (W)

V = volume da massa magnetizada em METROS CÚBICOS (m³)

f = freqüência, em HERTZ (Hz)

β_{max} = densidade de fluxo máxima, em TESLAS (T)

k = coeficiente de histerese, que depende da composição química do material, do seu tratamento térmico e mecânico e, até certo ponto, da densidade de fluxo magnético.

x = expoente que depende do material e da densidade de fluxo. Normalmente é considerado igual a 1,6, mas seu valor pode ser maior.

Correntes de Foucault

Os núcleos de transformadores e outras máquinas ficam sujeitos a campos magnéticos variáveis e, portanto, aparecem neles correntes induzidas. Essas correntes parasitas são chamadas CORRENTES DE FOUCAULT e, como é evidente, representam um consumo de energia desnecessário.

Para diminuir o efeito das correntes em questão, os núcleos de transformadores e de outros dispositivos que trabalham com campos magnéticos variáveis são feitos geralmente de materiais ferromagnéticos de grande resistividade e constituídos por lâminas ou fios. A laminação é feita no sentido do fluxo, porque as correntes produzidas são perpendiculares ao fluxo. As lâminas ou os fios são isolados uns dos outros com verniz isolante.

As perdas em conseqüência das correntes parasitas são determinadas com a equação

$$P = k\, V\, f^2\, \beta^2_{max}\, e^2$$

P = potência perdida por correntes de Foucault, em WATTS (W)

f = freqüência, em HERTZ (Hz)

V = volume da massa magnética, em METROS CÚBICOS (m³)

β_{max} = densidade de fluxo máxima, em TESLAS (T)

e = espessura das lâminas, em METROS (m)

k = coeficiente que depende da resistividade do material.

Ímãs Permanentes

Embora os campos magnéticos mais intensos sejam obtidos com auxílio da corrente elétrica, os ímãs permanentes têm seu lugar de destaque no campo da tecnologia elétrica ou eletrônica. O fato de não necessitarem de uma corrente magnetizante é, em alguns casos, uma vantagem importantíssima.

Mas, para que um material possa ser utilizado na produção de ímãs permanentes é indispensável que preencha vários requisitos; alta remanência, grande coercividade e facilidade para ser trabalhado são algumas das características desejadas, sem esquecer sua capacidade de conservar o magnetismo quando sujeito a vibrações e temperaturas relativamente elevadas, bem como o custo e o peso.

Os ímãs permanentes são utilizados em instrumentos, alto-falantes, fones, etc.

EXEMPLO:

Um eletroímã tem um circuito magnético que pode ser considerado como formado por três partes em série, com as seguintes dimensões:

Parte **a**: comprimento = 8 cm
seção transversal = 0,5 cm²

Fundamentos de Eletrotécnica 129

Parte **b**: comprimento = 6 cm

seção transversal = 0,9 cm²

Parte **c**: entreferro de 0,5 mm de comprimento e 1,5 cm² de seção transversal

As partes **a** e **b** são de material cujas características são dadas na tabela seguinte:

H (A/m) 100 210 340 500 800 1.500
β (T)   0,2 0,4 0,6 0,8 1   1,2

Façamos o quadro a que nos referimos:

Determinar a corrente que deve passar por uma bobina de 4.000 espiras enrolada na parte **b**, para produzir uma densidade de fluxo de 0,3 tesla no entreferro. Desprezar a perda de fluxo magnético.

SOLUÇÃO:

PARTES do CIRCUITO	MATERIAIS	ϕ	S	β	H	ℓ	$H\ell$	F
a	MAT. MAG.	5×10^{-5}				8×10^{-2}		
b	MAT. MAG	9×10^{-5}				6×10^{-2}		
c	ENTRE-FERRO	15×10^{-5}	3×10^{-1}			5×10^{-4}		

Completemos o quadro:

$\phi_c = \beta_c S_c = 3 \times 10^{-1} \times 15 \times 10^{-5} =$
$= 45 \times 10^{-6}$ Wb

$\phi_c = \phi_a = \phi_b$ (porque as partes estão em série)

$$\beta_a = \frac{\phi_a}{S_a} = \frac{45 \times 10^{-6}}{5 \times 10^{-5}} = 0,9 \text{ tesla}$$

$$\beta_b = \frac{\phi_b}{S_b} = \frac{45 \times 10^{-6}}{9 \times 10^{-5}} = 0,5 \text{ tesla}$$

Os valores de H para as partes **a** e **b** são obtidos da tabela dada, admitindo uma variação linear entre os valores oferecidos:

$$H_a = 650 \text{ A/m}$$

$$H_b = 275 \text{ A/m}$$

O valor de H para o entreferro é calculado com a expressão

$$H = \frac{\beta}{\mu}$$

$\mu = \mu_0 \mu_r$
$\mu_0 = 4\pi \times 10^{-7}$
$\mu_r = 1$

$$H_c = \frac{3 \times 10^{-1}}{4\pi \times 10^{-7}} = 24 \times 10^4 \text{ A/m}$$

É interessante observar o grande valor de H para esta parte, em virtude da sua grande relutância.

Os produtos Hl são iguais a:

$H l_a = 65 \times 10 \times 8 \times 10^{-2} = 52$ ampères-espiras
$H l_b = 275 \times 6 \times 10^{-2} = 16,5$ ampères-espiras

$Hl_c = 24 \times 10^4 \times 5 \times 10^{-4} = 120$ ampères-espiras

A força magnetomotriz necessária é:

$F = Hl_a + Hl_b + Hl_c = 52 + 16,5 + 120 = 188,5$ ampères-espiras

A corrente magnetizante é

$$I = \frac{F}{N} = \frac{188,5}{4000} = 0,04 A$$

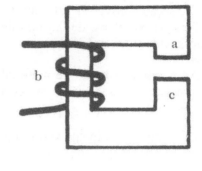

FIG. XIX-6

PROBLEMAS

CIRCUITOS MAGNÉTICOS

1 – Um circuito magnético é constituído de lâminas de aço de 4 cm de largura. O núcleo tem 5 cm de espessura, dos quais 8% correspondem a material isolante entre as lâminas. O entreferro é de 2 mm e sua seção efetiva é de 25 cm². A bobina tem 800 espiras. Desprezando as perdas de fluxo, calcular a corrente magnetizante necessária para produzir um fluxo de 0,002 5 Wb no entreferro.

PARTES	MATERIAIS	ϕ (Wb)	S (m²)	β (T)	H A/m	l (m)	Hl (A)	F (A)
abc	aço			0,00184		0,6		
ac	ar			0,0025			0,002	

QUADRO

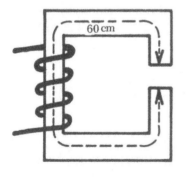

FIG. XIX-5

R.: 2,5 A

2 – Completar o quadro referente ao circuito magnético da Fig. XIX-6. (Desprezar as perdas de fluxo).

3 – Um circuito magnético é de aço laminado. Na haste central, cuja seção transversal é de 8 cm², estão enroladas 500 espiras. Cada um dos outros dois ramos do circuito tem seção transversal igual a 5 cm². O entreferro tem um milímetro de comprimento. Calcular a corrente necessária para estabelecer um fluxo de 1,3 mWb na haste central, desprezando qualquer perda de fluxo (Ver Fig. XIX-7).

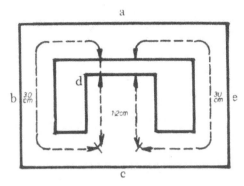

FIG. XIX-7

R.: 3,2 A

4 – Um núcleo magnético de Stalloy tem as dimensões indicadas na Fig. XIX-8. Há um entreferro de 0,12 cm em um dos ramos laterais e uma bobina de 400 espiras na haste central; a seção transversal desta é de 16 cm², e a de cada ramo lateral é de 10 cm². Determinar a corrente de excitação necessária para produzir um fluxo de 1.000 microwebers no entreferro. Desprezar quaisquer perdas de fluxo.

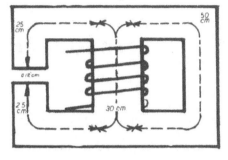

FIG. XIX-8

R.: 5,65 A

CAPÍTULO XX

CARGAS ELÉTRICAS EM MOVIMENTO NUM CAMPO MAGNÉTICO

Qualquer carga elétrica em movimento possui um campo elétrico e um campo magnético, este último consideravelmente maior. Assim, é fácil compreender que uma carga (um elétron, por exemplo) movendo-se num campo magnético sofre a ação de uma força diretamente proporcional à densidade de fluxo magnético, ao valor da carga e à velocidade com que a mesma se move:

$$F = Q \, v \, \beta \, sen \, \alpha$$

F = força em NEWTONS (N)

Q = carga elétrica, em COULOMBS (C)

β = densidade de fluxo magnético, em TESLAS (T)

v = velocidade, em METROS/ SEGUNDO (m/s)

α = ângulo formado pela direção do movimento com a direção do campo magnético.

A equação mostra que o valor da força (ação entre os campos magnéticos) depende da direção seguida pela carga em movimento, e que é máxima quando a direção do movimento é perpendicular à direção do campo. Conclui-se também que a força é nula quando a direção do movimento é paralela à do campo.

A partir da equação em apreço pode-se dizer que "um campo magnético tem uma densidade de fluxo de um weber/metro quadrado quando uma carga de um Coulomb, movendo-se com uma componente de velocidade perpendicular à direção do mesmo (v sen α), sofre a ação de uma força de um newton":

$$\beta = \frac{F}{Q \, v \, sen \, \alpha}$$

Observa-se experimentalmente que a direção do movimento da carga, a direção do campo e a direção da força formam ângulos retos entre si, assim como as três arestas que saem de um dos vértices de um cubo. Para lembrar esta condição e tornar mais simples a determinação da direção e do sentido da força que atua sobre a carga há a REGRA DA MÃO ESQUERDA (quando se raciocina com cargas positivas) e a REGRA DA MÃO DIREITA (para cargas negativas). Com qualquer das regras são utilizados os dedos INDICADOR, MÉDIO e POLEGAR, dispostos de modo a formarem ângulos retos, como mostra a figura abaixo:

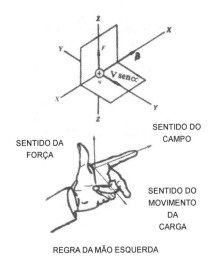

REGRA DA MÃO ESQUERDA

FIG. XX-1

O dedo indicador é usado para mostrar o sentido do campo magnético, o dedo médio indica o sentido do movimento da carga e o polegar aponta a direção e o sentido da força em questão.

Quando a direção do movimento da carga é perpendicular ao campo, ela é obrigada a descrever uma trajetória circular. Se o ângulo α é menor que 90° e maior que zero, a carga descreve uma trajetória helicoidal.

Força que Age Sobre um Condutor que Conduz Corrente num Campo Magnético

A corrente elétrica num condutor sólido é constituída por elétrons em movimento.

Quando um condutor percorrido por uma corrente é submetido a um campo magnético, cada elétron em movimento suporta uma força igual à que acabamos de estudar, e, logicamente, o condutor tende a ser deslocado sob a ação do campo magnético.

A força sobre o condutor depende da grandeza do campo, expressa pela sua densidade de fluxo, da intensidade da corrente no condutor e do comprimento da parte deste submetida ao campo. É lógico que só a parte no interior do campo deve ser considerada, porque só os elétrons que nela circulam são afetados. A equação que permite o cálculo da força é

$$F = \beta\, Il\, \operatorname{sen} \alpha$$

F = força, em NEWTONS (N)
I = intensidade da corrente, em AMPÈRES (A)
l = comprimento da parte do condutor submetida ao campo, em METROS (m)
β = densidade de fluxo magnético, em TESLAS (T)
α = ângulo formado pela direção do movimento dos elétrons no condutor com a direção do campo.

A direção e o sentido da força podem ser determinados praticamente com as mesmas regras da mão esquerda e da mão direita estudadas no início deste capítulo. A regra da mão esquerda é, neste caso, conhecida como REGRA DE FLEMING PARA MOTORES.

Esta denominação mostra a importância do assunto que estamos estudando. O funcionamento dos motores elétricos é baseado na ação exercida sobre condutores colocados num campo magnético, quando os mesmos são percorridos por correntes elétricas. Também o funcionamento dos instrumentos de medida (de bobina móvel) e dos alto-falantes é explicado a partir deste princípio.

Se uma espira retangular colocada num campo magnético fosse percorrida por uma corrente elétrica, e fosse suportada por um eixo de modo que pudesse girar em torno dele, dois dos seus lados seriam submetidos a forças que formariam um binário, imprimindo um movimento de rotação à espira. Os outros dois lados também sofreriam a ação do campo, mas como as forças seriam iguais e opostas não causariam qualquer efeito.

O torque na espira seria dado pela equação

TORQUE = β I S sen α

Numa bobina com N espiras, o torque seria

TORQUE = N β I S sen α

N = número de espiras

β = densidade de fluxo magnético. Em TESLAS (T)

I = intensidade da corrente elétrica na espira, ou na bobina, em AMPÈRES (A)

S = área da superfície limitada por uma espira, em METROS QUADRADOS (m^2)

α = ângulo formado pela normal ao plano de uma espira com a direção do campo. No caso de uma bobina, corresponde ao ângulo formado pelo eixo da mesma com a direção do campo.

Força entre Condutores Paralelos que Conduzem Correntes

Consideremos dois condutores de seção circular, percorridos por correntes de intensidades I_1 e I_2, respectivamente. Designando por r a distância entre eles, podemos dizer que a intensidade do campo produzido em torno do primeiro condutor é

$$H = \frac{I_1}{2\ \pi\ r}$$

A densidade de fluxo deste campo é

$$\beta = \mu H = \frac{\mu I_1}{2\pi r}$$

A força que age sobre o outro condutor, colocado no campo em questão é

$$F = \beta\ I_2\ l$$

Mas,

$$\beta = \frac{\mu I_1}{2\pi r}$$

donde

$$F = \frac{\mu I_1 I_2 l}{2\pi r}$$

Entretanto, como o meio entre os condutores tem permissividade igual a $4\ \pi \times 10\text{-}7$ (e para $l = 1$ m),

$$F = \frac{2 \times 10^{-7} I_1 I_2}{r}$$

F = força de atração ou de repulsão entre os condutores, em NEWTONS (N). É A FORÇA EXERCIDA SOBRE CADA METRO DO CONDUTOR.

Esta relação é conhecida como LEI DE AMPÈRE.

A força é de atração quando as correntes nos condutores têm sentidos iguais; é de repulsão quando os sentidos são opostos.

A definição do AMPÈRE é dada a partir desta equação:

"O AMPÈRE é a corrente constante que, passando por dois condutores retilíneos paralelos, infinitamente longos, separados por uma distância de um metro e colocados no vácuo, produz uma força de atração ou de repulsão entre eles igual a 2 x 10^{-7} newton por metro de comprimento".

PROBLEMAS

AÇÃO SOBRE CONDUTORES CONDUZINDO CORRENTES NUM CAMPO MAGNÉTICO

1 – Um condutor de 30 cm de comprimento é percorrido por 60 A. Sabendo que forma ângulo reto com o campo magnético, determinar a densidade de fluxo deste. Sobre o condutor atua uma força de 2N.

R.: 0,1 tesla

2 – Um condutor percorrido por uma corrente de 800 A é colocado em ângulo reto com um campo magnético de densidade igual a 0,5 tesla. Calcular a força que age sobre cada metro do condutor.

R.: 400 N

3 – O plano de uma espira retangular de fio, de 5 cm x 8 cm, é paralelo a um campo magnético cuja densidade de fluxo é 0,15 tesla. Se a espira conduz uma corrente de 10 A, qual o torque desenvolvido?

R.: 6×10^{-3} m N

4 – A bobina móvel de um miliamperímetro tem 2 cm de comprimento efetivo, 1,5 cm de largura média e é formada por 60 espiras. A densidade de fluxo no entreferro é de 0,07 tesla. Determinar o torque, quando ela é percorrida por uma corrente de 15 mA e seu eixo forma um ângulo de 30° com a direção do campo.

R.: 945×10^{-7} mN

CAPÍTULO XXI

TRANSIENTES EM CORRENTE CONTÍNUA

O termo TRANSIENTES refere-se às quantidades cujos valores variam devido a alterações registradas no circuito elétrico.

Estudaremos agora o que ocorre num circuito de C.C. em que há resistência e capacitância ou resistência e auto-indutância, em condições transitórias, isto é, ao ligar e desligar o circuito.

Circuito R-C

Consideremos um capacitor de dielétrico perfeito associado em série com um resistor, e analisemos o que ocorre quando o conjunto é ligado a uma fonte de tensão constante.

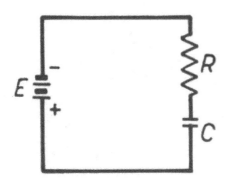

FIG. XXI-1

Assim que se completa a ligação, há o deslocamento de elétrons no circuito, com a finalidade de igualar os potenciais das placas do capacitor aos dos terminais da fonte; uma das placas ficará na mesma situação do negativo da fonte, e a outra na mesma situação do positivo da fonte. Haverá corrente no circuito apenas durante o tempo necessário para que esta igualdade seja estabelecida, e essa corrente será máxima no instante em que o capacitor for ligado à fonte, caindo a zero após o capacitor ficar completamente carregado, quando a d. d. p. entre suas placas será igual à existente entre os terminais da fonte.

Em teoria, o capacitor só ficaria completamente carregado após um tempo infinitamente grande. Na prática, porém, este tempo é relativamente curto, como veremos adiante.

Observa-se que a variação das grandezas em questão não é uniforme.

Durante o processo de carga do capacitor, a tensão aplicada ao circuito será constituída por duas componentes:

$$E = i\,R + \frac{q}{C}$$

As letras minúsculas simbolizam

Fundamentos de Eletrotécnica

VARIAÇÃO DA CORRENTE DURANTE O PROCESSO DE CARGA DO CAPACITOR

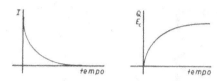

CRESCIMENTO DA CARGA E DA TENSÃO NO CAPACITOR, DURANTE O PROCESSO DE CARGA

FIG. XXI-2

valores instantâneos de corrente e de carga adquirida pelo capacitor. O produto "iR" é a queda de tensão no resistor e o termo "q/C" corresponde à tensão entre as placas do capacitor.

No início do fenômeno, a carga do capacitor ainda é zero, e, portanto

$$iR = E$$

Verifica-se que o valor inicial da corrente de carga é limitado pela resistência do circuito.

No fim da carga, a quantidade de eletricidade armazenada no capacitor já atingiu o seu valor final (Q), não há mais corrente no circuito e

$$\frac{Q}{C} = E$$

Com as expressões que se seguem é possível determinar os valores instantâneos da carga adquirida pelo capacitor e da corrente de carga, bem como o tempo necessário para que a corrente caia a um determinado valor, antes de se anular:

$$i = I_e^{-\frac{t}{CR}}$$

$$q = Q(1 - e^{-\frac{t}{CR}})$$

$$t = \frac{CR \log\left(\frac{I}{i}\right)}{\log e}$$

i = valor instantâneo da corrente de carga, em AMPÈRES (A)

q = valor instantâneo da carga adquirida pelo capacitor, em COULOMBS (C)

t = tempo necessário para que a corrente de carga caia a qualquer valor instantâneo, em SEGUNDOS (s)

I = valor inicial da corrente de carga (I = E/R), em AMPÈRES (A)

Q = valor final da carga do capacitor (Q = CE); em COULOMBS (C)

R = resistência do circuito, em OHMS (Ω)

C = capacitância do circuito, em FARADS (F)

e = base do logaritmo neperiano (e = 2,718 28)

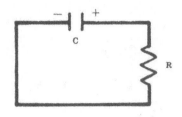

FIG. XXI-3

Quando um capacitor carregado é ligado em série com um resistor, e os terminais livres são postos em contato, como na figura XXI-3, estabelece-se uma corrente no circuito (corrente de descarga), da placa carregada negativamente para a placa carregada positivamente. Esta corrente é máxima no início do fenômeno, caindo a zero num tempo relativamente curto. Teoricamente, esta corrente só se anularia após um tempo $t = \infty$.

VARIAÇÃO DA CORRENTE DURANTE A DESCARGA DO CAPACITOR

VARIAÇÃO DA CARGA E DA TENSÃO NO CAPACITOR DURANTE A DESCARGA

Com as expressões que se seguem é possível determinar os valores instantâneos da corrente e da carga, bem como o tempo necessário para que caiam a um determinado valor:

$$i = -I\, e^{-\frac{t}{CR}}$$

$$q = Q\, e^{-\frac{t}{CR}}$$

O sinal (—) indica que a corrente tem sentido oposto à de carga.

$$t = \frac{CR \log \left(\frac{I}{i}\right)}{\log e}$$

Constante de Tempo de um Circuito R-C

Constante de tempo de um circuito R-C é o tempo que seria necessário para a corrente atingir o valor zero, se continuasse decrescendo com a mesma rapidez (razão) observada no início dos fenômenos de carga ou de descarga. A razão de variação da corrente diminui a cada instante, o que retarda a sua queda, tornando mais demorada a carga ou a descarga do capacitor. Por este motivo, no tempo correspondente a uma constante de tempo a corrente perde apenas 63,2% do seu valor inicial; isto significa que a constante de tempo é também o tempo necessário para que a carga do capacitor e a tensão entre suas placas atinjam 63,2% do seu valor final.

Para que o capacitor fique completamente carregado é necessário um tempo bem maior, aproximadamente 5 vezes a constante de tempo.

A constante de tempo de um circuito R-C, representada pela letra "T", é dada pela expressão:

$$T = CR$$

C = capacitância, em FARADS (F)
R = resistência, em OHMS (Ω)
T = constante de tempo do circuito, em SEGUNDOS (s)

O tempo aproximado para completar a carga do capacitor é igual a 5 T segundos.

Circuito R-L

Em um circuito como o da figura XXI-5, constituído por indutância pura e resistência, o crescimento da corrente é retardado pela força contra-eletromotriz resultante da própria variante da corrente.

O valor final da corrente é determinado pela Lei de Ohm (I = E/R).

Durante o crescimento da corrente, a tensão aplicada ao circuito é a soma das componentes

$$E = R + L\frac{\Delta i}{\Delta t}$$

iR = valor instantâneo da tensão no resistor "R" (ou na resistência do circuito)

$L\dfrac{\Delta i}{\Delta t}$ = parcela de tensão destinada a vencer a força eletromotriz de auto-indução

$$\left(- L \frac{\Delta i}{\Delta t}\right)$$

Ao ser ligado o circuito, a componente "iR" é nula e a força contra-eletromotriz é máxima, pois a razão de variação da corrente é máxima. Depois de um certo tempo, que depende da relação entre "L" e "R", a corrente pára de crescer por ter atingido o valor final (I = E/R); em conseqüência, a força eletromotriz de auto-indução torna-se nula.

O valor instantâneo de corrente no circuito e o tempo necessário para que a corrente atinja um determinado valor podem ser calculados com as expressões que se seguem, e que correspondem à curva da Fig. XXI-6:

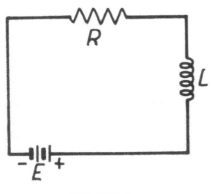

FIG. XXI-5

CRESCIMENTO DA CORRENTE NUM CIRCUITO INDUTIVO

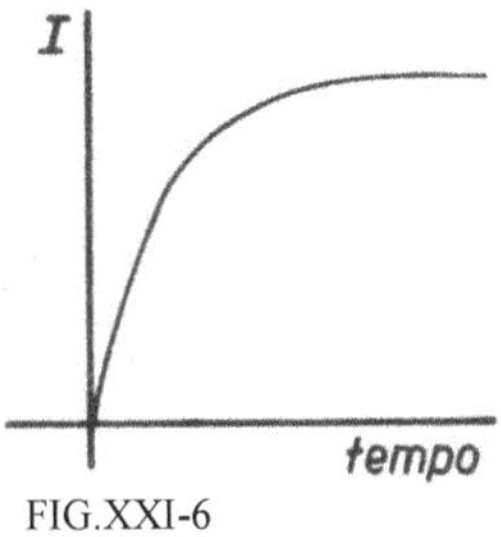

FIG.XXI-6

$$i = I(1 - e^{-\frac{Rt}{L}})$$

EQUAÇÃO DE HELMHOLTZ

$$t = \frac{L}{R}\left[\frac{\log\left(\dfrac{I}{I - i}\right)}{\log e}\right]$$

i = valor instantâneo da corrente em AMPÈRES (A)

t = tempo necessário para que a corrente atinja um determinado valor, em SEGUNDOS (s)

L = coeficiente de auto-indutância do circuito, em HENRYS (H)

R = resistência do circuito, em OHMS (Ω)

e = base do logaritmo neperiano (e = 2,718 28)

Quando o circuito em apreço é desligado, ocorre outra vez uma variação de corrente que provoca o aparecimento de uma força eletromotriz induzida. Esta, de acordo com a Lei de Lenz, tende a manter a corrente no circuito, retardando o seu desaparecimento. Este fenômeno é acompanhado normalmente de centelhas entre os contatos que foram afastados, e fala-se, comumente, de uma EXTRACORRENTE DE RUPTURA. A variação da corrente é exponencial como mostra a figura abaixo, e seu valor instantâneo pode ser determinado com a expressão.

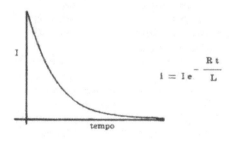

FIG. XXI-7

Constante de Tempo de um Circuito R-L

A constante de tempo de um circuito indutivo é o tempo que seria necessário para que a corrente atingisse o seu valor final (I, durante o crescimento, e zero, na sua queda), se a razão de variação inicial fosse mantida constante.

Entretanto, numa constante de tempo a corrente só atinge 63,2% do seu valor normal (durante o crescimento) ou perde apenas 63,2% do seu valor inicial (durante a queda).

A constante de tempo de um circuito indutivo, representada pela letra "T", é determinada com a expressão

$$T = \frac{L}{R}$$

T = constante de tempo, em SEGUNDOS (s)

L = auto-indutância do circuito, em HENRYS (H)

R = resistência do circuito, em OHMS (Ω)

Resolução Gráfica

As curvas exponenciais universais abaixo permitem a determinação mais simples dos valores instantâneos das grandezas a que nos referimos nos parágrafos anteriores, nos circuitos R-C e R-L. Ver apêndice 11.

O eixo das abscissas corresponde ao número de constantes de tempo e o eixo das ordenadas dá, em percentagem, o valor da grandeza considerada.

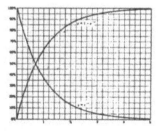

CURVAS EXPONENCIAIS UNIVERSAIS

FIG. XXI-8

Energia Armazenada num Capacitor

Como sabemos, energia é a capacidade de produzir trabalho. Um capacitor carregado pode produzir uma corrente elétrica e, portanto, realizar um trabalho elétrico. Assim, dizemos que há energia armazenada num capacitor e seu valor é calculado com a expressão.

$$W = \frac{CE^2}{2}$$

W = energia armazenada no capacitor, em JOULES (J)
C = capacitância do capacitor, em FARADS (F)
E = tensão entre as placas do capacitor, em VOLTS (V)

Energia Armazenada no Campo Magnético

O magnetismo é uma forma de energia e, assim, a existência de um campo magnético implica em disponibilidade de energia.

Realmente, se se fizer um campo magnético desaparecer, a sua variação poderá provocar uma corrente elétrica e, deste modo, realizar trabalho.

A energia de um campo magnético é determinada com a equação

$$W = \frac{LI^2}{2}$$

W = energia, em JOULES (J)
I = intensidade da corrente, quando o campo está estacionário, em AMPÈRES (A)
L = auto-indutância do circuito, em HENRYS (H)

EXEMPLOS:

1 – Um capacitor de 0,1 µF é ligado em série com um resistor de 1 MΩ, e o conjunto ligado aos terminais de uma fonte de 200 V de resistência interna desprezível. Calcular o valor da corrente que flui no instante em que a ligação é feita, a constante de tempo do circuito e o tempo necessário (aproximado) para o capacitor adquirir sua carga total.

SOLUÇÃO:

$$I = \frac{E}{R} = \frac{2 \times 10^2}{10^6} = 2 \times 10^{-4} A$$

$$T = CR = 10^{-7} \times 10^6 = 0,1s$$
$$5 \times T = 5 \times 0,1 = 0,5s$$

2 – Determinar a constante de tempo do circuito abaixo:

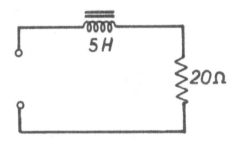

FIG. XXI-9

SOLUÇÃO:

$$T = \frac{L}{R}$$

$$T = \frac{5}{20} = 0,25 \text{ s}$$

3 – Qual o valor normal da corrente no circuito? Qual o tempo necessário para que a corrente atinja esse valor, depois de fechado o circuito?

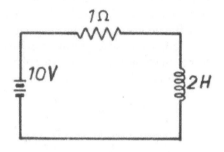

FIG. XXI-10

SOLUÇÃO:

$$I = \frac{E}{R} = \frac{10}{1} = 10 A$$

$$T = \frac{L}{R} = \frac{2}{1} = 2 \text{ s}$$

$$5 \times T = 5 \times 2 = 10 \text{ s}$$

4 – Um capacitor é carregado até que a diferença de potencial entre suas placas é de 1.000 V. Sabendo que sua capacitância é de 2 μF, determinar a energia armazenada no mesmo.

SOLUÇÃO:

$$W = \frac{C E^2}{2}$$

$$W = \frac{2 \times 10^{-6} \times 10^6}{2} = 1 J$$

PROBLEMAS

TRANSIENTES

1 – Um capacitor de 0,1 microfarad e um resistor de 1 megohm são ligados em série a uma bateria de 200 V com resistência interna desprezível. Calcular o valor da corrente, 0,1 segundo após a ligação.

R.: 0,074 mA

2 – Um capacitor de 20 microfarads e um resistor de 2.000 ohms são ligados em série a uma fonte de 600 V, de corrente contínua. Determinar o tempo necessário para que a corrente de carga caia a 10% do seu valor inicial, a carga no instante em que a corrente de carga cai a 10% do seu valor inicial e a constante de tempo do circuito.

R.: 0,092 2 s
    0,010 8 C
    0,04   s

3 – Uma bobina com uma resistência de 4 ohms e uma indutância constante de 2 H é ligada a uma fonte de 20 V, de corrente contínua. Calcular a constante de tempo, o valor final da corrente e o valor da corrente 1 segundo após o fechamento do circuito.

R.: 0,5   s
    5   A
    4,32 A

4 – Uma bobina de 1.000 espiras, com núcleo de ar, tem uma resistência de 2 ohms. A corrente de 3 A que a percorre produz um fluxo de 500 microwebers. Calcular a força magnetomotriz, a constante de tempo do circuito, a indutância da bobina e a f.e.m. de auto-indução (média) quando o fluxo é invertido em 0,3 segundo.

R.: 3.000 A
    0,08   s
    0,16   H
    3,2   V

Fundamentos de Eletrotécnica

5 – Uma bobina com 200 ohms de resistência e 2 H de indutância constante é ligada a uma fonte de 50 V. Determinar o valor da corrente após um período correspondente à constante de tempo do circuito.

R.: 0,158 A

6 – Um relé com 1.000 ohms de resistência e 10 H de indutância opera quando a corrente atinge o valor de 25 mA. Que tempo decorrerá antes do relé entrar em funcionamento, se uma tensão de 50 V for aplicada aos seus terminais?

R.: 6,9 ms

7 – Dar a forma modificada da Lei de Ohm, aplicável aos cálculos de valores instantâneos de corrente num circuito de C.C. com indutância. Calcular o tempo necessário para que a corrente num relé com 750 mH de indutância a 500 ohms de resistência, ligado a uma fonte de 50 V, atinja o valor de 50 mA.

R.: $i = \dfrac{E}{R}(1 - e^{-\frac{Rt}{L}})$
$t = 0,001$ s

8 – Um relé tem 400 ohms de resistência e uma corrente de operação de 15 mA. A bobina do relé tem 14.000 espiras e a relutância do circuito pode ser considerada constante e igual a 1,175 x 10^7 A/Wb. Calcular a indutância do relé e o tempo necessário para que a corrente atinja o valor de operação, quando o relé é ligado em série com um resistor de 400 ohms e uma tensão de 50 V é aplicada ao conjunto.

R.: 17,59 H
6 milissegundos

9 – Que energia é armazenada pelo campo magnético de um indutor de 5 H e de 2 ohms de resistência, quando é ligado a uma fonte de 24 V?

R.: 360 J

CAPÍTULO XXII

VETORES E QUANTIDADES COMPLEXAS

Quando se fala do comprimento de um corpo, de sua massa ou ainda do seu volume, nada mais é necessário do que o valor numérico de cada uma dessas grandezas, acompanhado da respectiva unidade, para que se tenha uma idéia exata do que se deseja informar. Grandezas deste tipo são chamadas ESCALARES.

Outras grandezas, chamadas VETORIAIS, só são perfeitamente entendidas quando delas conhecemos não só o valor numérico, como também outras informações, tais como direção, sentido e ponto de aplicação. Por exemplo, só é possível saber o que acontece com um corpo submetido a uma força quando se conhece o valor dessa força, a direção em que atua e o sentido de sua ação. Da mesma forma, não podemos dizer que dois carros têm a mesma velocidade somente porque as leituras dos seus velocímetros são iguais. Isto, porque seus movimentos podem ter direções e sentidos diferentes.

As grandezas vetoriais são representadas graficamente com o auxílio de segmentos de reta orientados, chamados VETORES (esta a razão da expressão GRANDEZAS VETORIAIS).

O comprimento do pedaço de reta é usado para representar o valor (MÓDULO) da grandeza. Evidentemente, para que se tenha uma noção exata do que está sendo representado, é necessário fazer o desenho obedecendo a uma determinada escala. A seta numa das extremidades representa o sentido, e o próprio segmento de reta indica a direção. É interessante ter em mente a distinção entre direção e sentido, lembrando que cada direção (horizontal, vertical e inclinada) admite dois sentidos.

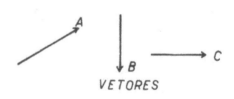

FIG. XXII-1

Os vetores são normalmente referidos a um eixo de referência, isto é, sua posição é determinada em relação a um eixo de referência.

Para designar um vetor com uma letra, utiliza-se um ponto sob a mesma. Assim, $\dot{E}$ lê-se "vetor E". Outras notações são também usadas, tal como uma pequena flecha colocada sobre a letra correspondente ao vetor:

$\vec{I}$ = vetor I

Tendo em vista o objetivo do nosso estudo, limitaremos nossas observações aos vetores que representam grandezas de direções iguais (sentidos iguais ou opostos) e grandezas cujas direções formam ângulos.

Para tornar mais compreensível o assunto em questão, raciocinemos com forças, que são grandezas vetoriais de fácil aceitação.

Se várias forças agem sobre um mesmo corpo, todas na mesma direção e no mesmo sentido, seus valores se somam. O vetor que representa essa soma deve ter comprimento igual à soma dos comprimentos dos vetores que representam as forças parciais, bem como direção e sentido iguais.

Quando as forças têm direções iguais, mas seus sentidos são opostos, a força total que age sobre o corpo é a diferença entre a soma das forças com um dos sentidos e a soma das forças com o outro sentido. O vetor que representa essa resultante tem comprimento igual à diferença entre os comprimentos dos vetores que representam as somas parciais.

Quando as direções dos vetores formam ângulos, como no caso de várias forças atuando sobre o mesmo corpo, aplicadas ao mesmo ponto, o vetor resultante pode ser obtido construindo-se um paralelogramo com as direções das forças e traçando-se uma diagonal a partir do ponto comum aos vetores.

Consideremos os vetores V_1 e V_2

FIG. XXII-2

Construindo o paralelogramo, e traçando a diagonal

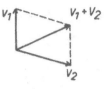

FIG. XXII-3

obtemos o vetor $V_1 + V_2$ que representa a soma dos vetores considerados.

A soma de três ou mais vetores angulares é obtida compondo-se dois vetores quaisquer, em seguida somando o primeiro resultado obtido com um terceiro vetor e assim sucessivamente:

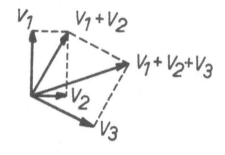

FIG. XXII-4

Representação Vetorial de Ondas Senoidais

Não é muito conveniente a combinação de ondas senoidais para a resolução gráfica de circuitos de C.A.

É muito mais prático o emprego de vetores para a representação das grandezas senoidais que variam com o tempo.

Uma senóide pode ser considerada como o desenvolvimento em coordenadas retangulares de um vetor de grandeza invariável, que gira em sentido contrário ao dos ponteiros de um relógio, com velocidade angular constante.

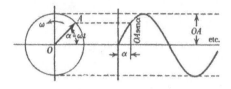

FIG. XXII-5

Apesar da grande vantagem da solução gráfica que os vetores podem proporcionar, aliada à aplicação de relações trigonométricas, é ainda muito mais prático o uso de vetores em coordenadas polares e em coordenadas retangulares.

Vetores em Coordenadas Polares

Um vetor pode ser expresso pela sua grandeza e pelo ângulo que forma com um eixo de referência. Definido deste modo, dizemos que está na FORMA POLAR ou em COORDENADAS POLARES.

Na figura acima temos o vetor E, que forma um ângulo φ com eixo horizontal positivo, normalmente tomado como eixo de referência. Sua representação na forma polar é a seguinte:

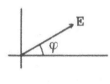

FIG. XXII-6

$$\underline{E} = E \underline{/\varphi}$$

A letra E sem o ponto corresponde ao MÓDULO DO VETOR, isto é, seu valor numérico. A outra parte da representação do vetor é o seu ARGUMENTO, o ângulo que faz com o eixo de referência.

A simbologia em questão não representa o produto do módulo pelo argumento; apenas dá as coordenadas polares do vetor.

Os ângulos que os vetores formam com o eixo de referência são considerados do mesmo modo que em trigonometria: positivos, no sentido contrário ao do movimento dos ponteiros de um relógio, e negativos no caso contrário. O plano de coordenadas corresponde, por convenção, a 360 graus elétricos, de modo que uma rotação completa do vetor, a partir do eixo horizontal direito, simboliza a seqüência de valores por que passa uma grandeza senoidal em um ciclo.

Quando o argumento do vetor é negativo, esta condição pode ser expressa em uma das formas abaixo:

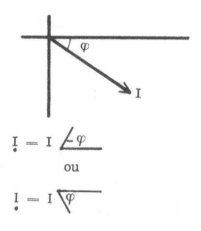

FIG. XXII-7

Vetores em Coordenadas Retangulares

Um vetor também pode se representado pelas suas projeções (componentes horizontal e vertical) num sistema de coordenadas retangulares:

Fundamentos de Eletrotécnica

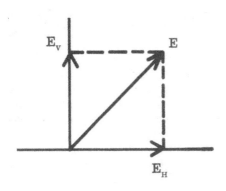

FIG. XXII-8

Mas, como indicar o vetor, sem fazer o desenho?

Isto se consegue com o auxílio de uma quantidade chamada "OPERADOR j".

Consideremos a figura

FIG. XXII-9

onde temos o vetor I sobre o eixo de referência, à direita do eixo vertical. O mesmo vetor colocado no eixo horizontal à esquerda do eixo vertical é designado por –I; isto significa que para fazer um vetor girar 180° no sentido considerado positivo basta multiplicá-lo por –1.

E se desejássemos que o vetor se deslocasse apenas 90°?

Sabemos que –1 é o mesmo que $\sqrt{-1} \times \sqrt{-1}$ e, portanto, podemos dizer que um vetor multiplicado por $\sqrt{-1}$ e em seguida novamente por $\sqrt{-1}$ gira 180°; se o mesmo vetor fosse multiplicado apenas uma vez por $\sqrt{-1}$, ele seria deslocado apenas 90°.

A expressão $\sqrt{-1}$, simbolizada pela letra "j", é conhecida como um operador; qualquer vetor multiplicado por "j" experimenta uma rotação de 90°, no sentido positivo convencionado.

De acordo com as expressões abaixo, um vetor situado sobre os eixos vertical (positivo e negativo) e horizontal (positivo e negativo) será designado de conformidade com a figura XXII-10.

$\sqrt{-1} = j$
$j^2 = -1$
$j^3 = -j$
$j^4 = -j^2 = 1$

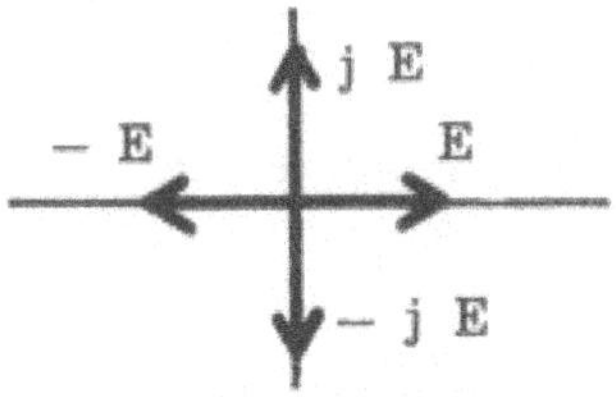

FIG. XXII-10

Vê-se que o operador "j", sob um ponto de vista não matemático, é um símbolo que, acompanhando um vetor, serve para indicar sua posição num sistema de eixos retangulares. Se a letra (ou valor) correspondente ao vetor está acompanhada de +j, sabemos que o vetor está no eixo vertical, para cima; se está precedida de –j, está no eixo vertical, para baixo. Sem o "j", o vetor está no eixo horizontal, à direita ou à esquerda, conforme o sinal.

A representação do vetor na forma retangular, também chamada BINÔMIA ou COMPLEXA, é feita conforme mostram os exemplos abaixo:

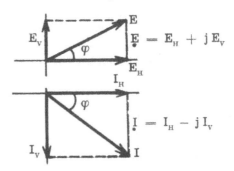

$\dot{E} = E_H + j E_V$

$\dot{I} = I_H - j I_V$

FIG. XXII-11

Sabemos que

$$E_H = E \cos \varphi \qquad I_H = I \cos \varphi$$
$$E_V = E \operatorname{sen} \varphi \qquad I_V = I \operatorname{sen} \varphi$$

logo, podemos escrever que

$$\dot{E} = E \cos \varphi + j E \operatorname{sen} \varphi$$

$$\dot{I} = I \cos \varphi - j I \operatorname{sen} \varphi$$

Conversão de Forma Polar em Retangular e Vice-Versa

As componentes do vetor, num sistema de eixos retangulares, formam com o próprio vetor um triângulo--retângulo, o que nos permite escrever as expressões abaixo, relativas aos MÓDULOS dos vetores utilizados nos exemplos que acabamos de dar:

$$E = \sqrt{E_H^2 + E_V^2}$$

$$I = \sqrt{I_H^2 + I_V^2}$$

Os argumentos dos vetores em questão podem ser determinados a partir da tangente, o que se faz do seguinte modo:

$$\underline{/\text{arc tg } E_V/E_H} \quad e \quad \underline{/\text{arc tg } -I_V/I_H}$$

arc tg = lê-se "arco ou ângulo cuja tangente é...

Assim, a transformação de um vetor da forma binômia para a forma polar é procedida conforme mostram os dois exemplos abaixo:

$$\dot{E} = E_H + j E_V =$$
$$= \sqrt{E_H{}^2 + E_V{}^2} \quad \underline{/\text{arc tg } E_V/E_H}$$

$$\dot{I} = 30 + j50 = \sqrt{30^2 + 50^2}$$

$$\underline{/\text{arc tg } 50/30} = 58,3 \underline{/59°}$$

A transformação da forma polar em retangular é simples aplicação das relações trigonométricas num triângulo--retângulo:

$$\dot{E} = E \underline{/\alpha} = E \cos \alpha + j E \operatorname{sen} \alpha$$

$$\dot{I} = 220 \underline{/120°} = 220 \cos 120 +$$

$$+ j \, 220 \operatorname{sen} 120° = -110 + j \, 190,5$$

Operações com Vetores na Forma Polar

Não é possível somar ou subtrair quantidades vetoriais na forma polar. Primeiramente devem ser convertidas na forma retangular ou binômia e, em seguida, efetuadas as operações.

A multiplicação e a divisão de vetores na forma polar são, porém, operações bem simples.

Para multiplicar, basta multiplicar os módulos e somar os argumentos.

Exemplo: determinar o produto dos vetores $\dot{A} = 3 \underline{/10°}$, $\dot{B} = 2 \underline{/-20°}$ e $\dot{C} = 4 \underline{/-5°}$

$$\dot{A} \times \dot{B} \times \dot{C} = 3 \underline{/10°} \times 2 \underline{/-20°} \times$$
$$\times 4 \underline{/5°} = 24 \underline{/-5°}$$

Para dividir, basta efetuar a divisão indicada com os módulos; o argumento do quociente é igual ao argumento do dividendo menos o do divisor.

Exemplo: dividir $\dot{V} = 100 \underline{/30°}$ por $\dot{I} = 20 \underline{/120°}$

$$\frac{\dot{V}}{\dot{I}} = \frac{100 \underline{/30°}}{20 \underline{/120°}} = 5 \underline{/-90°}$$

Operações com Vetores na Forma Retangular

A soma, a subtração e a multiplicação de vetores nesta forma obedecem às regras de Álgebra.

Exemplos:

1) Somar os vetores $15 + j\,20$, $-2 + j4$ e $-3 - j\,2$.

$$15 + j\,20$$
$$-2 + j\,24$$
$$\underline{-3 - j\,2}$$
$$10 + j\,22$$

2) Do vetor $5 - j\,4$ subtrair o vetor $3 - j2$.

$$5 - j\,4$$
$$\underline{-3 = j\,2}$$
$$2 - j\,2$$

3) Multiplicar $2 + j\,4$ por $3 - j\,5$.

$$(2 + j\,4)\,(3 - j\,5) = 6 - j\,10 + j\,12 - j^2\,20 = 26 + j\,2$$

A divisão de dois vetores é determinada pela aplicação do princípio de racionalização, isto é, multiplicando os termos da divisão pelo conjugado do divisor:

Exemplo: Dividir $36 + j\,12$ por $8 - j\,4$.

$$\frac{36 + j12}{8 - j4} = \frac{36 + j12}{8 - j4} \times \frac{8 + j4}{8 + j4} =$$
$$= \frac{288 + j\,144 + j\,96 + j^2\,48}{64 - j^2\,16} =$$
$$= \frac{240 + j240}{80} = 3 + j3$$

CAPÍTULO XXIII

CIRCUITOS MONOFÁSICOS IDEAIS

Um circuito monofásico é aquele alimentado por uma única tensão alternada.

O estudo dos circuitos de C.A. deve ser precedido pela análise de três circuitos ideais, isto é, pelo estudo do que ocorreria se pudéssemos ter circuitos com resistência pura, com indutância pura e com capacitância pura.

Compreendida a atuação de cada um desses parâmetros, torna-se mais fácil assimilar o que ocorre num circuito real, onde atuam simultaneamente.

De acordo com o que já foi estudado, qualquer circuito de corrente alternada apresenta resistência, reatância indutiva e reatância capacitiva. Na maioria dos casos, porém, um ou dois destes três elementos têm tão pouca influência no circuito que podem ser desprezados.

Após o estudo dos circuitos ideais veremos os circuitos monofásicos EM SÉRIE, EM PARALELO e MISTOS. Por sua vez, os circuitos em série serão divididos em três grupos: circuitos R-C, circuitos R-L e circuitos R-L-C.

Circuito Puramente Resistivo

Trata-se de um circuito (Figura XXIII-1) em que a única dificuldade a ser vencida pela tensão aplicada é a resistência efetiva, e portanto,

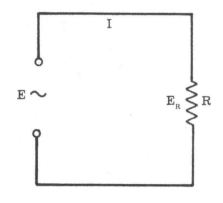

FIG. XXIII-1

$$Z = R$$

convém esclarecer que "R" não é apenas a resistência de um resistor, e sim A RESISTÊNCIA EQUIVALENTE DE TODOS OS ELEMENTOS QUE CONSTITUEM O CIRCUITO.

A intensidade da corrente fornecida pela fonte é

$$I = \frac{E}{Z} = \frac{E}{R}$$

donde

$$E = I Z \quad e \quad Z = \frac{E}{I}$$

A tensão E_R e a intensidade da corrente atingem valores correspondentes ao mesmo tempo:

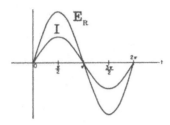

FIG. XXIII-2

Quando isto ocorre com duas grandezas, dizemos que estão EM FASE. Em outras palavras, a tensão E_R e a intensidade da corrente no circuito atingem seus valores máximos, mínimos ou quaisquer valores no mesmo instante. Isto é evidente, pois

$$E_R = IR$$

e R é constante.
Neste circuito temos a igualdade

$$E_R = E$$

Como as duas grandezas E_R e I são senoidais e estão em fase, podemos representá-las vetorialmente conforme a figura

FIG. XXIII-3

Toda a energia aplicada a este circuito é usada para vencer apenas sua resistência. Assim, podemos concluir que

Potência reativa = 0
Potência real = Potência aparente

O cálculo da potência em C.A. é feito com as mesmas equações estudadas em C.C., observados apenas os seguintes fatos:

– a potência aparente refere-se à energia gasta por segundo para vencer a dificuldade total do circuito; para calculá-la devemos considerar a impedância (Z) e a tensão total aplicada ao circuito (E):

– potência real é apenas a energia gasta por segundo para vencer a resistência efetiva. No seu cálculo é considerada simplesmente a resistência efetiva (R) e a tensão E_R:

$$P = E_R I = I^2 R = \frac{E_R^2}{R} = \text{Watts (W)}$$

– a potência reativa é a energia gasta unicamente para vencer a reatância do circuito. Para calculá-la, consideramos a reatância (X) e a parcela da tensão destinada a vencê-la (E_X):

$$Q = E_x I = I^2 X = \frac{E_X^2}{X}$$

VOLTS-AMPÈRES REATIVOS (Vars)

Como vimos, o circuito que está sendo considerado não apresenta reatância, e a potência reativa é nula.
O fator de potência do circuito é igual a 1 ou 100%; isto porque toda a energia aplicada ao circuito está sendo gasta para vencer sua resistência. Também pela expressão abaixo chegamos à mesma conclusão:

$$\text{Fator de potência} = \frac{P}{S} = 1$$

Circuito Puramente Capacitivo

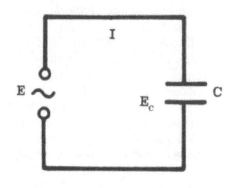

FIG. XXIII-4

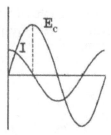

FIG. XXIII-5

Dizemos que E_c e I estão DEFASADAS de 90 graus elétricos; como os valores de I se antecipam aos valores de E_c, afirmamos que I está adiantada 90 graus elétricos em relação a E_c.

Como estas duas grandezas são senoidais e estão defasadas 90 graus elétricos, podemos representá-las vetorialmente de acordo com a figura

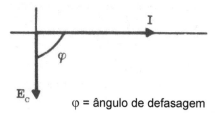

φ = ângulo de defasagem

FIG. XXIII-6

Neste caso, o único obstáculo ao estabelecimento de uma corrente no circuito é a reatância capacitiva. Assim, podemos escrever que

$$Z = X_c = 1/2\,\pi\,f\,C$$

X_c simboliza a reatância capacitiva total do circuito, isto é, a reatância oferecida pela capacitância equivalente do circuito.

A intensidade da corrente no circuito é

$$I = E/Z = E/X_c = \frac{E}{1/2\,\pi\,f\,C}$$

donde

$$E = I\,Z \quad e \quad Z = E/I$$

Sabemos que a d.d.p. entre as placas de um capacitor é zero quando a corrente de carga é máxima, e vice-versa. Neste circuito, E_c e I não atingem valores correspondentes ao mesmo tempo

Toda a energia aplicada a este circuito é usada para vencer sua reatância capacitiva. Concluímos que

Potência real = 0
Potência reativa = Potência aparente

As potências aparente e reativa podem ser calculadas com qualquer das expressões:
$$Q = S = E\,I = E_c\,I = I^2\,Z = I^2\,X_c = $$
$$= E^2/Z = E_c^2/X_c$$

O fator de potência do circuito é zero, pois não há gasto de energia para vencer resistência, ou, como mostra a expressão a seguir:

$$\text{Fator de potência} = \frac{P}{S} = \frac{0}{S} = 0$$

Circuito Puramente Indutivo

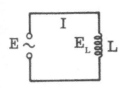

FIG. XXIII-7

O circuito apresenta uma única dificuldade ao estabelecimento de uma corrente elétrica: a sua reatância indutiva.

Desta forma pode-mos escrever que

$$Z = X_L = 2\pi f L$$

X_L simboliza a reatância indutiva total do circuito; é a reatância oferecida pela auto-indutância equivalente do circuito.

A intensidade da corrente no circuito é

$$I = E/Z = E/X_L = E/2\pi f L$$

donde

$$E = IZ \quad e \quad Z = E/I$$

Estudamos que a indutância no circuito retarda o crescimento e a queda da corrente, e vimos que a força eletromotriz de auto-indução é máxima quando I é igual a zero, e vice-versa. Portanto, E_L e I estão sempre defasadas 90 graus elétricos, o que pode ser representado como mostra a figura:

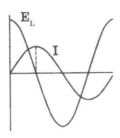

FIG. XXIII-8

Neste caso, dizemos que I está atrasada 90 graus elétricos em relação à grandeza E_L.

Vetorialmente, podemos representar estas duas grandezas do seguinte modo:

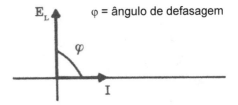

FIG. XXIII-9

A energia aplicada ao circuito tem a exclusiva finalidade de vencer a reatância indutiva, donde concluímos que:

Potência reativa = Potência aparente

Potência real = 0

As potências aparente e reativa podem ser calculadas com qualquer das expressões abaixo:

$$Q = S = E\,I = E_L\,I = I^2 Z = I^2 X_L =$$
$$= E^2/Z = E_L^2/X_L$$

O fator de potência do circuito é zero, porque não está sendo gasta energia para vencer resistência. Chega-se à mesma conclusão pela expressão

$$\text{FATOR DE POTÊNCIA} = \frac{P}{S} = \frac{0}{S} = 0$$

CAPÍTULO XXIV
CIRCUITOS MONOFÁSICOS DE C.A.
(CIRCUITOS EM SÉRIE, TIPOS R-C, R-L E R-L-C)

Os circuitos de corrente alternada em série apresentam as mesmas características gerais dos circuitos de corrente contínua:

– a intensidade da corrente é a mesma em qualquer parte do circuito;
– a tensão aplicada ao circuito é igual à soma das tensões parciais nos diversos elementos do mesmo. Entretanto, em corrente alternada a soma em apreço é vetorial, como será discutido a seguir;
– a impedância total ou equivalente é a soma das impedâncias parciais. Na determinação da impedância total, associamos primeiro as resistências, indutâncias e capacitâncias, e, então, representamos a impedância na forma polar ou binômia. Às vezes, não são conhecidos os valores das resistências, indutâncias e capacitâncias parciais, mas são oferecidos os valores das impedâncias dos diversos elementos do circuito, o que facilita ainda mais o cálculo da impedância total, resumindo-se numa soma das quantidades conhecidas:

$$Z_t = Z_1 + Z_2 + Z_3 + ...$$

No decorrer deste capítulo serão apresentados exemplos que tornarão mais claro o que foi exposto.

Circuito em Série Tipo R-C

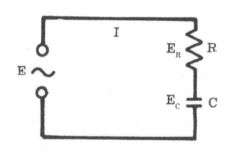

FIG. XXIV-1

R e C simbolizam, respectivamente, a resistência equivalente e a capacitância equivalente do circuito.

A dificuldade encontrada pela fonte para estabelecer uma corrente no circuito é determinada pela soma vetorial de R e X_c:

Z = soma vetorial de R e X_c

A intensidade da corrente elétrica obedece à Lei de Ohm:

$$I = \frac{E}{Z}$$

donde

$$E = IZ \quad e \quad Z = E/I$$

Neste circuito, a tensão E é a soma vetorial das componentes E_R e E_C. Podemos representar vetorialmente as tensões no circuito, tomando como referência a corrente. É comum, aliás, considerar o vetor corrente no eixo de referência nos circuitos em série, tendo em vista que a intensidade da corrente é a mesma em qualquer parte do circuito.

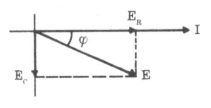

φ = Ângulo de Defasagem

FIG. XXIV-2

Observa-se que o ângulo de defasagem entre a tensão aplicada ao circuito e a corrente no circuito é menor do que 90°, e seu valor depende da razão entre os valores de R e de X_C.

O vetor E (tensão aplicada ao circuito) pode ser representado nas formas polar e binômia:

$$\dot{E} = E\underline{/-\varphi} \text{ Volts}$$

$$\dot{E} = E_R - jE_c \text{ Volts}$$

ou

$$\dot{E} = E\cos\varphi - jE\sin\varphi \text{ Volts}$$

O vetor E e suas componentes formam um triânguloretângulo

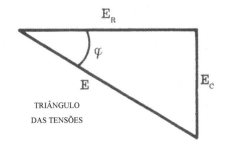

TRIÂNGULO
DAS TENSÕES

FIG. XXIV-3

permitindo-nos escrever a expressão abaixo, que nos dá o módulo da tensão E:

$$E^2 = E_R^2 + E_c^2$$

$$E = \sqrt{E_R^2 + E_c^2} \text{ Volts}$$

ou, na forma polar,

$$\dot{E} = \sqrt{E_R^2 + E_c^2}\;\underline{/\text{arc tg} - E_c/E_R} \text{ Volts}$$

É inoperante o uso do sinal (−) na determinação do módulo do vetor; contudo, seu uso é indispensável na determinação da posição do vetor em relação ao eixo de referência.

Sabemos que

$$E = IZ$$
$$E_R = IR$$
$$E_C = IX_C$$

e se dividimos todos os termos por I temos o triângulo-retângulo abaixo:

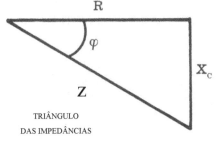

TRIÂNGULO
DAS IMPEDÂNCIAS

FIG. XXIV-4

A partir deste triângulo podemos achar o valor da impedância:

$$Z = \sqrt{R^2 + X_{C^2}} \quad \text{Ohms}$$

A impedância não é uma grandeza vetorial, mas é normal a sua representação como um vetor, dada a conveniência desta medida. Assim, podemos dar a impedância nas formas polar e binômia:

$$\underset{\bullet}{Z} = Z \underline{/-\varphi} \; \Omega$$

$$\underset{\bullet}{Z} = \sqrt{R^2 + X_c^2} \underline{/arc\, tg - X_c/R} \; \Omega$$

$$\underset{\bullet}{Z} = R - jX_c \; \Omega$$

ou

$$\underset{\bullet}{Z} = Z \cos \varphi - j Z \operatorname{sen} \varphi \; \Omega$$

Observa-se que o ângulo utilizado na representação do vetor impedância é o mesmo que o vetor E forma com o eixo de referência (I), fato que ocorre em qualquer circuito de corrente alternada.

Multiplicando os lados do triângulo das tensões por I, obtemos o TRIÂNGULO DAS POTÊNCIAS:

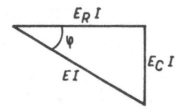 ou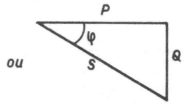

FIG. XXIV-5

$P = E_R \, I$ = potência real
$Q = E_C \, I$ = potência reativa
$S = E \, I$ = potência aparente

Do triângulo em apreço podemos concluir que

$P = S \cos \varphi = E \, I \cos \varphi$ Watts
$Q = S \operatorname{sen} \varphi = E \, I \operatorname{sen} \varphi$ VArs
$S = \sqrt{P^2 + Q^2}$ V

E fazendo substituições de termos de acordo com a Lei de Ohm:

$$P = I^2 R = \frac{E_R^2}{R} \; \text{Watts}$$

$$Q = I^2 X_c = \frac{E_{C^2}}{X_C} \quad \text{VArs}$$

Outras relações poderiam ser escritas, e, para tanto, sugerimos uma nova leitura do que foi visto com referência aos circuitos ideais.

Neste circuito, o fator de potência é sempre maior que zero e menor que 1, pois sempre há gasto de energia para vencer resistência, sem que toda a energia aplicada ao circuito tenha essa finalidade:

$$\text{Fator de Potência} = \frac{P}{S} = \frac{E \, I \cos \varphi}{E \, I} = \cos \varphi$$

Observa-se que o fator de potência do circuito corresponde ao co-seno do

Fundamentos de Eletrotécnica

ângulo de defasagem entre a tensão aplicada ao circuito e a corrente no circuito. É NORMAL USAR A EXPRESSÃO

$$\cos \varphi$$

PARA DESIGNAR O FATOR DE POTÊNCIA

Os triângulos das tensões e das impedâncias bem como a equação de definição do fator de potência, proporcionam outras expressões para o cálculo do fator em questão:

$$\cos \varphi = \frac{R}{Z} = \frac{E_R}{E}$$

Como a corrente está adiantada em relação à tensão, é usual dizer que o circuito apresenta FATOR DE POTÊNCIA ADIANTADO.

No estudo dos outros circuitos evitaremos repetir todas as razões que levaram a determinadas conclusões e, assim, aconselhamos um estudo atento do circuito R-C, para melhor compreensão dos parágrafos seguintes.

Circuito em Série Tipo R-L

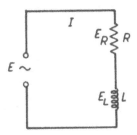

FIG. XXIV-6

R e L simbolizam, respectivamente, a resistência equivalente e a auto-indutância equivalente do circuito. A impedância do circuito é a soma vetorial de R e X_L.

A intensidade da corrente é

$$I = \frac{E}{Z}$$

donde

$$E = IZ \quad e \quad Z = E/I$$

A tensão aplicada ao circuito (E) é a soma vetorial das componentes E_R e E_L:

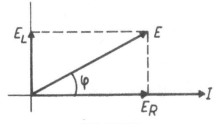

FIG. XXIV-7

O valor de ϕ depende da razão entre os valores de R e X_L.

Representando o vetor E nas formas polar e binômia:

$$\underline{E} = E \, \underline{/\varphi} \quad \text{Volts}$$

$$\underline{E} = E_R + jE_L = E \cos \varphi + jE \operatorname{sen} \varphi \text{ Volts}$$

O triângulo das tensões tem o seguinte aspecto:

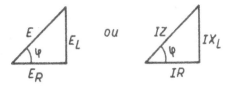

FIG. XXIV-8

o que permite a determinação do módulo da tensão E, de acordo com o teorema de Pitágoras:

$$E = \sqrt{E_R^2 + E_L^2} \quad \text{Volts}$$

ou na forma polar:

$$\underset{\bullet}{E} = \sqrt{E_R^2 + E_L^2} \, \underline{/\text{arc tg } E_L/E_R}$$
$$\text{Volts}$$

Dividindo os termos correspondentes aos lados do triângulo das tensões por I, obtemos o triângulo das impedâncias:

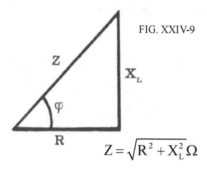

FIG. XXIV-9

$$Z = \sqrt{R^2 + X_L^2} \, \Omega$$

Representando vetorialmente a impedância:

$$\underset{\bullet}{Z} = Z \, \underline{/\varphi} =$$
$$= \sqrt{R^2 + X_L^2} \, \underline{/\text{arc tg } X_L/R} \, \Omega$$

$$\underset{\bullet}{Z} = R + jX_L = Z \cos \varphi + j \, Z \, sen \, \varphi \, \Omega$$

Do mesmo modo que no circuito R-C, podemos obter o triângulo das potências:

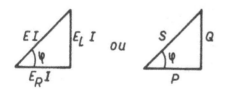

FIG. XXIV-10

P = E_RI = potência real
Q = E_LI = potência reativa
S = EI = potência aparente

$$P = S \cos \varphi = EI \cos \varphi =$$
$$= I^2 R = \frac{E_R^2}{R} \text{ Watts}$$
$$Q = S \, sen \, \varphi = E \, I \, sen \, \varphi =$$
$$= I^2 X_L = \frac{E_L^2}{X_L} \text{ VArs}$$
$$S = \sqrt{P^2 + Q^2} \text{ VA}$$

O fator de potência do circuito é sempre maior do que zero e menor do que 1, e, como a corrente está atrasada em relação à tensão, dizemos que o circuito apresenta FATOR DE POTÊNCIA EM ATRASO:

Fator
de   = $\cos \varphi = \frac{P}{S} = \frac{R}{Z} = \frac{E_R}{E}$
Potência

Circuito em Série Tipo R-L-C

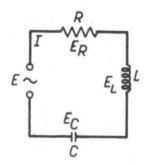

FIG. XXIV-11

R = resistência equivalente do circuito
L = auto-indutância equivalente do circuito
C = capacitância equivalente do circuito
Z = soma vetorial de R, X_L e X_C

$$I = \frac{E}{Z}$$

donde E = I Z e Z = E/I

Neste tipo de circuito, três situações podem ocorrer:

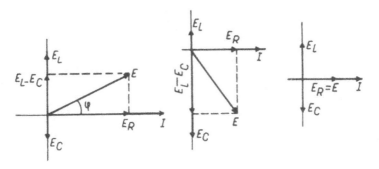

FIG. XXIV-12

$E_L > E_C$, porque $X_L > X_C$
$E_L < E_C$, porque $X_L < X_C$
$E_L = E_C$, porque $X_L = X_C$

$\underset{\bullet}{E} = E \, \underline{/\varphi} =$

$= \sqrt{E_R{}^2 + (E_L - E_C)^2} \, \underline{/\text{arc tg} \dfrac{E_L - E_C}{E_R}}$

Volts

No primeiro caso, o circuito comporta-se como um circuito indutivo (R-L), no segundo caso torna-se capacitivo e no último caso apresenta praticamente as características de um circuito puramente resistivo.

É interessante observar que $E_L - E_C$ representa a SOMA de $+ E_L$ com $- E_C$:

$E_L + (-E_C) = E_L = E_C$

Vejamos as características do circuito em cada uma das situações que podem existir:

Quando $X_L > X_C$

TRIÂNGULO DAS TENSÕES

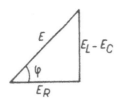

FIG. XXIV-13

TRIÂNGULO DAS IMPEDÂNCIAS

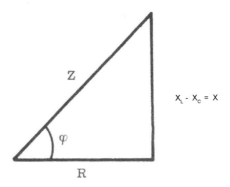

FIG. XXIV-14

$\underset{\bullet}{Z} = Z\underline{/\varphi} = \sqrt{R^2 + X^2} \, \underline{/\text{arc tg} \, X/R} \; \Omega$

$\underset{\bullet}{Z} = R + jX = Z \cos \varphi + jZ \, \text{sen} \, \varphi \; \Omega$

TRIÂNGULO DAS POTÊNCIAS

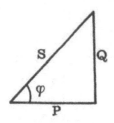

FIG. XXIV-15

$P = S \cos\varphi = E I \cos\varphi = I^2 R =$
$= \dfrac{E_R^2}{R}$ Watts

$Q = S \operatorname{sen}\varphi = EI \operatorname{sen}\varphi = I^2 X =$
$= \dfrac{(E_L - E_C)^2}{X}$

$S = \sqrt{P^2 + Q^2}$ VA

Fator de
Potência $= \cos\varphi = \dfrac{P}{S} = \dfrac{R}{Z} = \dfrac{E_R}{E}$
(atrasado)

Quando $X_L < X_C$
TRIÂNGULO DAS TENSÕES

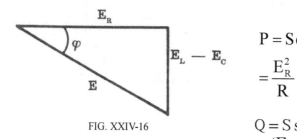

FIG. XXIV-16

$\underline{E} = E \underline{/-\varphi} =$
$= \sqrt{E_R^2 + (E_L - E_C)^2} \left/ \operatorname{art tg} \dfrac{E_L - E_C}{E_R} \right.$
Volts

$\underline{E} = E_R + j(E_L - E_C) =$
$= E \cos\varphi - jE \operatorname{sen}\varphi$ Volts

TRIÂNGULO DAS IMPEDÂNCIAS

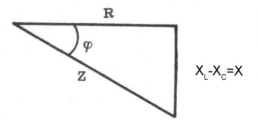

$X_L - X_C = X$

FIG. XXIV-17

$\underline{Z} = Z \underline{/-\varphi} =$
$= \sqrt{R^2 + X^2} \left/ \operatorname{arc tg} \dfrac{-X}{R} \right.$ Ω

$\underline{Z} = R - jX = Z \cos\varphi - jZ \operatorname{sen}\varphi$ Ω

TRIÂNGULO DAS POTÊNCIAS

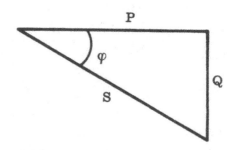

FIG. XXIV-18

$P = S\cos\varphi = EI\cos\varphi = I^2 R =$
$= \dfrac{E_R^2}{R}$

$Q = S \operatorname{sen}\varphi = E I \operatorname{sen}\varphi = I^2 X =$
$= \dfrac{(E_L - E_C)^2}{X}$

$S = \sqrt{P^2 + Q^2}$

Fator de
Potência = $\cos\varphi = \dfrac{P}{S} = \dfrac{R}{Z} = \dfrac{E_R}{E}$
(adiantado)

Fundamentos de Eletrotécnica 161

Quando $X_L = X_C$

$$E = E_R$$
$$Z = R$$
$$Q = 0$$
$$P = S = E\,I$$
$$\cos \phi = I$$

EXEMPLOS:

1 – Um amperímetro, um voltímetro e um vattímetro são ligados no circuito de um motor de indução monofásico e indicam, respectivamente, 10 A, 220 V e 1.900W.
Determinar:

a) o fator de potência do motor;
b) a impedância do circuito;
c) a resistência efetiva.

SOLUÇÃO:

$$Z = \frac{E}{I} = \frac{220}{10} = 22 \ \Omega$$

$$S = E\,I = 220 \times 10 = 2.200 \ VA$$

$$\cos \varphi = \frac{1900}{2200} = 0,86$$

$$R = Z \cos \varphi = 22 \times 0,86 = 18,92 \ \Omega$$

2 – 75% da energia aplicada por segundo a um circuito de C.A. são transformados em calor. O circuito, que é indutivo, apresenta uma resistência de 10 Ω. Determinar:

a) o fator de potência do circuito;
b) a impedância do circuito;
c) A reatância indutiva do circuito.

SOLUÇÃO:

a) $\cos \phi = 0,75$

b) $Z = \dfrac{R}{\cos \varphi} = \dfrac{10}{0,75} = 13,3 \ \Omega$

c) $\phi = 41°24'$

$\quad$ sen $\phi = 0,661$

$\quad X_L = Z$ sen $\phi = 13,3 \times 0,661$

$\quad X_L = 8,8 \ \Omega$

3 – Uma impedância de $4 - j\,3$ ohms foi ligada a uma fonte de 100V. Determinar os seguintes elementos do circuito:

a) a resistência efetiva;
b) a reatância;
c) a intensidade da corrente;
d) o fator de potência;
e) a potência aparente;
f) a potência real;
g) a potência reativa.

SOLUÇÃO:

a) É a componente real = 4 Ω

b) É a componente imaginária =
$\quad = 3 \ \Omega$

c) $I = \dfrac{E}{Z} = \dfrac{100}{\sqrt{4^2 + 3^2}} = \dfrac{100}{5} =$
$\quad = 20$ A

d) $\cos \varphi = \dfrac{R}{Z} = \dfrac{4}{5} = 0,8$

e) $S = E\,I = 100 \times 20 = 2000 \ VA$

f) $P = E\,I \cos \varphi = 2000 \times 0,8 =$
$\quad = 1600W$

g) $Q = S$ sen $\varphi \mid \varphi = 36°52'$
$\quad$ sen $36°52' = 0,6$

$Q = 2000 \times 0,6 = 1200 \ VArs$

Ressonância em Circuitos em Série

Quando é estabelecida a igualdade entre a reatância indutiva e a reatância capacitiva, o que determina a igualdade entre as tensões E_C e E_L, dizemos que o circuito está em RESSONÂNCIA.

Esta condição é desejável em vários circuitos usados em Eletrônica, mas pode trazer conseqüências desagradáveis, com danos para os elementos de um circuito, quando não é prevista.

Sabemos que a reatância indutiva é diretamente proporcional à freqüência e que a reatância capacitiva depende inversamente da mesma. Assim, quando alimentamos um circuito com uma fonte de C.A. e fazemos a freqüência variar desde um valor praticamente nulo a um valor alto, podemos observar o crescimento da reatância indutiva e a queda da reatância capacitiva. Numa determinada freqüência, as duas grandezas tornam-se iguais e o circuito apresenta características especiais que correspondem à condição denominada ressonância.

Estas características, de que falamos sucintamente em parágrafo anterior, são as seguintes:

a) a impedância do circuito torna-se mínima, ficando reduzida ao valor da resistência;
b) a intensidade da corrente é máxima, como conseqüência do exposto no item anterior, e limitada apenas pelo valor da resistência;
c) o circuito torna-se resistivo;
d) toda a energia aplicada ao circuito é gasta para vencer sua resistência:

$$E = E_R$$
$$P = S = E I$$
$$\cos \phi = 1$$
$$Q = 0$$

A freqüência em que um circuito em série entra em ressonância pode ser determinada com a expressão

$$f_o = \frac{1}{2_\pi \sqrt{L C}}$$

f_0 = freqüência de ressonância, em HERTZ (Hz)
L = auto-indutância do circuito, em HENRYS (H)
C = capacitância do circuito, em FARADS (F)

Com efeito, se

$$X_L = X_C$$

$$2_\pi f L = \frac{1}{2_\pi f C}$$

$$4 \pi^2 f^2 L C = 1$$

$$f = \sqrt{\frac{1}{4_{\pi^2} L C}}$$

$$f = \frac{1}{2_\pi \sqrt{L C}}$$

Um exame da equação em apreço faz-nos concluir que a resistência do circuito não influi na sua freqüência de ressonância e que esta só depende do PRODUTO LC. Isto significa que circuitos com valores diferentes para L e para C podem entrar em ressonância na mesma freqüência, desde que os produtos LC sejam iguais.

Convém esclarecer, porém, que a resistência do circuito influi no que é conhecido como FATOR Q do circuito ressonante, isto é, a relação entre a potência reativa referente à indutância (ou à capacitância) e a potência real do circuito:

Fator "Q" = $\dfrac{I^2 X_L}{I^2 R} = \dfrac{X_L}{R}$

Normalmente, a resistência do circuito é constituída principalmente pela resistência de uma bobina, de modo que é comum fazer referência à resistência da bobina e à sua reatância indutiva.

A variação de corrente num circuito, quando a freqüência da fonte é variada, pode ser representada graficamente, constituindo o que chamamos uma CURVA DE RESSONÂNCIA.

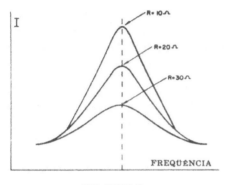

FIG. XXIV-19

Se traçarmos curvas de ressonância de um circuito série R-L-C, mantendo constante o valor de "R", observaremos que as formas das curvas variarão se forem variados os valores de "L" e "C"; O CRESCIMENTO DA INDUTÂNCIA E A REDUÇÃO DA CAPACITÂNCIA AGUÇAM A CURVA.

A variação da resistência, com "L" e "C" constantes, afeta a ordenada máxima e também aguça a curva de ressonância.

EXEMPLO:

Num circuito de C.A. em série temos 0,06 H de indutância, $2,4\mu$ F de capacitância e 350 Ω de resistência não indutiva. Qual a freqüência de ressonância do circuito?

SOLUÇÃO:

$$f_0 = \dfrac{1}{2_\pi \sqrt{L\,C}}$$

$$f_0 = \dfrac{1}{6,28\sqrt{0,06 \times 0,000\,0024}} = 420\text{ Hz}$$

CAPÍTULO XXV
CIRCUITOS MONOFÁSICOS DE CORRENTE ALTERNADA (CIRCUITOS EM PARALELO E MISTOS)

Também nos circuitos em paralelo vigoram as características gerais estudadas nos circuitos gerais estudadas nos circuitos de C.C.:

– a tensão aplicada ao circuito é igual à tensão entre os terminais de cada braço do circuito;
– a intensidade da corrente que sai da fonte é a soma (no caso, vetorial) das correntes nos diversos braços em paralelo;
– o inverso da impedância total é a soma vetorial dos inversos das impedâncias parciais:

$$\frac{1}{\dot{Z}_t} = \frac{1}{\dot{Z}_1} + \frac{1}{\dot{Z}_2} + \frac{1}{\dot{Z}_3} + \ldots$$

ou, se trabalhamos com duas impedâncias de cada vez:

$$\dot{Z}_t = \frac{\dot{Z}_1 \dot{Z}_2}{\dot{Z}_1 + \dot{Z}_2}$$

Cada braço do circuito é um circuito em série, e, portanto, Z_1, Z_2, etc., representam as impedâncias desses braços. Entretanto, nada impede que sejam designadas por Z_1, Z_2, etc., as impedâncias dos elementos que constituem um único braço. As figuras XXV-1 e XXV-2 resumem estas nossas observações:

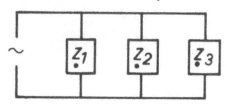

FIG. XXV-1

$\dot{Z}_1$, $\dot{Z}_2$, e $\dot{Z}_3$, = impedâncias dos braços 1, 2 e 3.

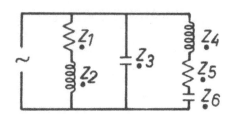

FIG. XXV-2

$\dot{Z}_{1\_2}$ = impedância do braço 1

$\dot{Z}_3$ = impedância do braço 2

$\dot{Z}_{4\_5\_6}$ = impedância do braço 3

Admitância (Y), Condutância (G) e Susceptância (B)

Foi dado o nome de admitância ao inverso da impedância:

$$\underset{\bullet}{Y} = \frac{1}{\underset{\bullet}{Z}} = \frac{1}{R + jX}$$

A admitância exprime, portanto, a facilidade que o circuito ou elemento do circuito oferece ao estabelecimento de uma corrente elétrica. É medida em SIEMENS (S).

Como sabemos, SIEMENS é o mesmo que AMPÈRE/VOLT, logo a admitância de um circuito corresponde à corrente que pode ser produzida no mesmo para cada volt aplicado aos seus terminais.

Assim como a impedância é a soma da resistência com a reatância,

$$\underset{\bullet}{Z} = R + jX$$

a admitância também é a soma dos inversos da resistência e da reatância. O inverso da resistência é a CONDU-TÂNCIA, nossa conhecida desde os primeiros capítulos. O inverso da reatância é denominado SUSCEPTÂNCIA. A condutância e a susceptância são, evidentemente, medidas em SIEMENS e a determinação dos seus valores não é um simples cálculo aritmético.

Como vimos,

$$\underset{\bullet}{Y} = \frac{1}{\underset{\bullet}{Z}}$$

logo

$$\underset{\bullet}{Y} = \frac{1}{R + jX} = \frac{1}{R + jX} \times \frac{R - jX}{R - jX} =$$

$$= \frac{R - jX}{R^2 + X^2}$$

$$\underset{\bullet}{Y} = \frac{R}{R^2 + X^2} - j\frac{X}{R^2 + X^2}$$

A componente real (componente no eixo horizontal) do vetor Y é o inverso da componente real do vetor Z, e portanto é a condutância:

$$G = \frac{R}{R^2 + X^2}$$

A componente imaginária (componente no eixo vertical) do vetor Y é o inverso da componente imaginária do vetor Z, e portanto é a susceptância:

$$B = \frac{X}{R^2 + X^2}$$

Resumindo, representamos a seguir a impedância e a admitância na forma binômia:

$$\underset{\bullet}{Z} = R + jX \text{ ohms}$$

$$\underset{\bullet}{Y} = G - jB \text{ siemens}$$

Na resolução dos circuitos em paralelo, é conveniente trabalhar com a admitância. Ao fazermos representações gráficas é conveniente tomar a tensão como referência, visto que esta grandeza apresenta o mesmo valor entre os terminais de todos os ramos do circuito. Na resolução dos circuitos mistos devem ser aplicados, onde couberem, os conhecimentos referentes aos circuitos em série e em paralelo.

EXEMPLOS:

1 –Uma impedância de 3 + j 4 ohms foi ligada a uma fonte de 100 V. Determinar:

a) a condutância do circuito;
b) a susceptância do circuito;
c) a admitância do circuito.

SOLUÇÃO:

$$Y_\bullet = \frac{1}{Z_\bullet}$$

$$Y_\bullet = \frac{1}{3 + j4} = \frac{1}{3 + j4} \times \frac{3 - j4}{3 - j4} =$$

$$= \frac{3 - j4}{9 + 16} = \frac{3 + j4}{25} = 0,12 - j0,16S$$

G = 0,12 S
B = 0,16 S

2 – Um circuito de C.A. em paralelo é ligado a uma fonte de 220 V – 60 Hz. Sabendo que um dos ramos do circuito contém 30 Ω de resistência e 40 Ω de reatância indutiva, e que o outro ramo apresenta 50 Ω de resistência e 80 Ω de reatância capacitiva, determinar:

a) a impedância do circuito;
b) a corrente solicitada da fonte;
c) o fator de potência do circuito;
d) a impedância de cada ramo do circuito;
e) o fator de potência de cada ramo do circuito;
f) a admitância do circuito;
g) a susceptância do circuito;
h) a condutância do circuito;
i) a potência real do circuito;
j) a potência aparente do circuito.

SOLUÇÃO:

– Impedância do ramo com reatância indutiva:

$$Z_\bullet = 30 + j40\Omega$$

$$Z_\bullet = \sqrt{30^2 + 40^2} \big/ \text{arc tg } 40/30 =$$
$$= 50 \, \big/ 53°10' \, \Omega$$

– Fator de potência do ramo com reatância indutiva:
cos 53°10' = 0,6 aprox. (atrasado)

– Impedância do ramo com reatância capacitiva:

$$Z_\bullet = 50 - j80\Omega$$

$$Z_\bullet = \sqrt{50^2 + 80^2} \big/ \text{arc tg } - 80/50 =$$
$$= 94,3 \big/ -58° \, \Omega$$

– Fator de potência do ramo com reatância capacitiva:
cos − 58° = 0,5 aprox. (adiantado)

– Admitância do ramo indutivo:

$$Y_{\bullet 1} = \frac{1}{30 + j40} \times \frac{30 - j40}{30 - j40} =$$
$$= \frac{30 - j40}{2500} = 0,012 - j0,016s$$

– Admitância do ramo capacitivo:

$$Y_{\bullet 2} = \frac{1}{50 + j80} \times \frac{50 + j80}{50 + j80} =$$
$$= \frac{50 + j80}{8900} = 0,005 + j0,008 \text{ S}$$

– Admitância total:

$$Y_\bullet = Y_{\bullet 1} + Y_{\bullet 2} = 0,017 - j \, 0,008 \text{ S}$$

– Condutância do circuito:

G = 0,017 S

– Susceptância do circuito:

$$B = 0,008 \text{ S}$$

– Impedância do circuito:

$$\underline{Z} = \frac{1}{\underline{Y}} = \frac{1}{0,017 - j0,008} \times$$
$$\times \frac{0,017 + j0,008}{0,017 + j0,008} = \frac{0,017 + j0,008}{0,000353} =$$
$$= 48 + j22,6 \; \Omega$$

$$\underline{Z} = \sqrt{48^2 + 22,6^2} \; \underline{/\text{arc tg } 22,6/48} =$$
$$= 53 \underline{/22°} \; \Omega \text{ aprox.}$$

– Fator de potência do circuito:

$$\cos \varphi = \frac{R}{Z} = \frac{48}{53} = 0,9$$

– A corrente solicitada da fonte:

$$I = \frac{E}{Z} = \frac{220}{53} = 4,1 \text{A}$$

– Potência real do circuito:

$$P = E I \cos \varphi = 220 \times 4,1 \times 0,9 =$$
$$= 811,8 \text{ W}$$

– Potência aparente do circuito:

$$S = E I = 220 \times 4,1 = 902 \text{ VA}$$

Ressonância em Circuitos em Paralelo

Vimos que um circuito em série está em ressonância quando as componentes verticais (E_L e E_C) da tensão aplicada ao circuito são iguais.

Dizemos que um circuito em paralelo entra em ressonância, QUANDO A SOMA DAS COMPONENTES VERTICAIS DAS CORRENTES NOS DIVERSOS RAMOS É IGUAL A ZERO.

Consideremos o circuito

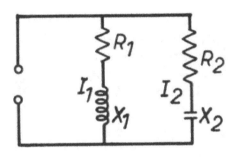

FIG. XXV-3

No ramo 1 a corrente está atrasada ϕ_1 graus em relação à tensão, e no ramo 2 está adiantada ϕ_2 graus em relação à tensão:

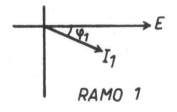
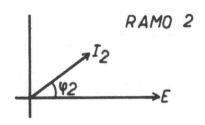

FIG. XXV-4

Os vetores I_1 e I_2 podem ser considerados iguais à soma de duas componentes: uma componente horizontal (componente ATIVA, responsável pela transformação da energia elétrica em calor) e outra vertical (REATIVA), e podem ser expressas da seguinte maneira:

$$\underline{I_1} = I_1 \cos\varphi_1 - jI_1 \operatorname{sen}\varphi_1$$

$$\underline{I_2} = I_2 \cos\varphi_2 + jI_2 \operatorname{sen}\varphi_2$$

A condição de ressonância é

$I_1 \operatorname{sen} \varphi_1 = I_2 \operatorname{sen} \varphi_2$

Como

$I_1 \operatorname{sen} \varphi_1 = E\, B_1$
$I_2 \operatorname{sen} \varphi_2 = E\, B_2$

podemos escrever que

$$B_1 = B_2$$

ou

$$\frac{X_1}{R_1^2 + X_1^2} = \frac{X_2}{R_2^2 + X_2^2}$$

Mas

$$X_1 = \omega L$$

e

$$X_2 = \frac{1}{\omega C}$$

então

$$\frac{\omega L}{R_1^2 + (\omega L)^2} = \frac{1/\omega C}{R_2^2 + (\frac{1}{\omega C})^2}$$

Eliminando os denominadores e dividindo todos os termos por ω:

$$\omega^2 R_2^2 LC^2 - \omega^2 L^2 C = R_1^2 C - L$$

$$\omega^2 = 2\pi f = \sqrt{\frac{R_1^2 - L}{R_2^2 LC^2 - L^2 C}}$$

$$f_0 = \frac{1}{2\pi\sqrt{LC}} \sqrt{\frac{R_1^2 C - L}{R_2^2 C - L}}$$

temos a **Equação Geral para o Cálculo da Freqüência de Ressonância no Circuito em Paralelo**.

Se o circuito tivesse o aspecto abaixo (ramos indutivo e capacitivo com resistência desprezível),

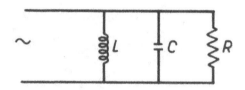

FIG. XXV-5

a equação para o cálculo da freqüência de ressonância ficaria resumida a

$$f_0 = \frac{1}{2\pi\sqrt{LC}}$$

porque os termos R_1 e R_2, que se referem aos braços indutivo e capacitivo, seriam nulos. A corrente total em ressonância seria apenas a corrente solicitada pelo braço com a resistência R. A impedância do circuito seria máxima, e igual à do braço com resistência R.

Se tivéssemos o circuito abaixo, com indutância pura num dos braços e capacitância pura no outro,

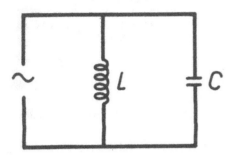

FIG. XXV-6

a freqüência de ressonância seria calculada também com a equação simplificada

$$f_0 = \frac{1}{2\pi\sqrt{LC}}$$

pelo mesmo motivo acima. A corrente total neste circuito, quando em ressonância, seria nula, embora houvesse corrente nos dois ramos. O circuito estaria oferecendo, portanto, uma impedância infinita. Tal circuito não tem existência real, mas é possível reduzir as resistências dos braços do circuito a valores muito pequenos (praticamente desprezíveis), obtendo-se resultados bem próximos do que foi dito, com vasta aplicação no campo da Eletrônica.

Duas condições ainda poderiam ser observadas num circuito em paralelo:

– Se $R_1^2 C > L$ e $R_2^2 C < L$, ou $R_1^2 C < L$ e $R_2^2 C > L$, a quantidade

$$\frac{R_1^2 C - L}{R_2^2 C - L}$$

seria negativa e sua raiz quadrada seria imaginária; sob estas condições, o circuito nunca poderia entrar em ressonância;
– exatamente o oposto ocorreria se

$$R_1 = R_2 = \sqrt{L/C}$$

isto é, O CIRCUITO ENTRARIA EM RESSONÂNCIA EM QUALQUER FREQÜÊNCIA.

Podemos resumir nossas observações dizendo que um circuito em paralelo oferece o máximo de impedância quando está em ressonância, solicitando então o mínimo de corrente da fonte, ao contrário do circuito em série, que oferece o mínimo de impedância ao entrar em ressonância.

EXEMPLO:

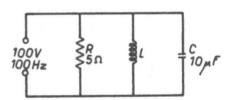

FIG. XXV-7

a) Se o circuito estivesse em ressonância, qual a corrente solicitada da fonte?
b) Qual o valor de "X_L" para que o circuito entre em ressonância?
c) Se não existisse "R", qual seria a corrente total, quando o circuito estivesse em ressonância?
d) Qual seria a admitância do circuito, se ele estivesse em ressonância? (Nas condições do item **c**.)

SOLUÇÃO:

a) $I = \dfrac{E}{R} = \dfrac{100}{5} = 20A$

b) "X_L" deverá ser igual a "X_C" para que o circuito entre em ressonância:

$$X_C = \frac{1}{2_\pi fC} = \frac{1}{6,28 \times 100 \times 10^{-5}}$$

$$X_C = X_L = 100\Omega \text{ aprox}$$

c) I = 0
d) Y = 0

Correção do Fator de Potência

O fator de potência de um circuito deve ser mantido aproximadamente igual a 1. Isto, porque um fator de potência muito baixo implica no encarecimento da instalação e em maiores perdas no cobre, pois são necessárias maior corrente e maior potência aparente para a obtenção de uma determinada potência real, o que se pode concluir observando a expressão abaixo:

$$I = \frac{P}{E \cos \varphi}$$

A tensão aplicada aos circuitos nas residências, fábricas, etc., é constante e, portanto, a corrente fornecida aos mesmos pode ser demasiado elevada, se o fator de potência for muito baixo.

O grande número de aparelhos indutivos (motores, equipamento auxiliar para lâmpadas fluorescentes, máquinas de soldar, etc.) normalmente utilizados nas instalações residenciais, comerciais e industriais, resulta em um fator de potência baixo e em atraso.

Para corrigir o fator de potência, reduzindo suas conseqüências e ao mesmo tempo cumprindo exigências constantes da legislação em vigor, no que se refere às instalações elétricas, são ligados capacitores em paralelo com o elemento (ou elementos) causador(es) da dificuldade.

Certos motores de C.A., chamados motores síncronos, são também utilizados para o mesmo fim.

PROBLEMAS

CIRCUITOS MONOFÁSICOS

1 – Uma bobina é ligada em série com um motor monofásico para reduzir a tensão aplicada aos terminais do motor. A tensão aplicada ao conjunto é de $130\underline{/45°}$ V e a tensão somente no motor é de $90\underline{/30°}$ V. Calcular a d. d. p. entre os terminais da bobina.

$$R.: 48,9\underline{/73°29'} \text{ V}$$

2 – Uma resistência efetiva de 30 ohms é ligada em série com 50 ohms de reatância indutiva a uma fonte de C.A. de 230 V. Determinar a impedância do circuito, a intensidade da corrente, a tensão RI e a tensão X_LI.

$$R.: \underset{\bullet}{Z} = 58,3\underline{/59°} \text{ }\Omega$$
$$\underset{\bullet}{I} = 2,03 - j3,38 \text{ A}$$
$$R I = 118,5 \text{ V}$$
$$X_L I = 197,5 \text{ V}$$

3 – Uma bobina com núcleo de ar, de resistência igual a 40 ohms e indutância igual a 0,318 henry, é ligada em série com um resistor não-indutivo a uma fonte de 240 V, 25 Hz. Que valor tem o resistor, se a corrente no circuito é de 3 A?

R.: 22,4 ohms

4 – Uma bobina com núcleo de ar apresenta uma impedância de $50\underline{/26°}$ ohms, quando ligada a uma fonte cuja freqüência é de 50 Hz. Qual é sua impedância a 80 Hz?

$$R.: 57\underline{/37°} \text{ ohms}$$

Fundamentos de Eletrotécnica

5 – Uma lâmpada fluorescente de 15 W trabalha em série com um reator. A tensão entre os terminais da lâmpada é de 56 V r. m. s., e a tensão do reator é de 100 V r. m. s., quando a tensão total aplicada é de 120 V, 60 Hz. Quais são a resistência e a indutância do reator? (A lâmpada representa resistência pura.)

R.: 42 ohms; 1 henry

6 – Um "choke" solicita uma corrente de 0,25 A quando é ligado a uma bateria de 12 V. O mesmo elemento solicita uma corrente de 1 A quando é ligado a uma fonte de 120 V, 60 Hz. Determinar a resistência e a indutância do "choke".

R.: 48 ohms; 0,292 henry

7 – Para se obter uma impedância de $600 \underline{/30°}$ ohms com uma freqüência de 1.000 Hz, quais os valores de indutância e resistência que podem ser ligados em série?

R.: 480 ohms; 0,04 henry

8 – Um solenóide com indutância de 0,5 H e resistência de 24 ohms é ligado a uma fonte de 120 V, 60 Hz.
 a) Qual a potência aparente no solenóide?
 b) Qual a potência real no solenóide?
 c) Qual o fator de potência no solenóide?

R.: 76 VA; 9,6 W; 12,6% (em atraso)

9 – Uma bobina, cujo fator de potência em atraso é igual a 0,5, é ligada em série com um resistor a uma fonte de C.A. de 110 V. A tensão na bobina é de 76 V e o fator de potência do circuito é 0,8. Determinar a tensão no resistor.

R.: 50 V

10 – Um resistor e um capacitor são ligados em série a uma fonte de 120 V, 25 Hz, e solicitam 0,54 A. A diferença de potencial entre os terminais do resistor é de 96 V. Determinar a diferença de potencial entre os terminais do capacitor, a impedância do circuito na forma polar e a capacitância do capacitor.

R.: $72\underline{/-90°}$ V; $222\underline{/36°}$ Ω; 47 μF

11 – Que capacitor deve ser ligado em série com um resistor de 560 ohms, para limitar sua dissipação a 5 W, quando ligados a uma fonte de 120 V, 60 Hz?

R.: 2,32μF

12 – Um circuito de C.A. em série contém 36 ohms de resistência não--indutiva e 16 microfarads de capacitância. Qual a corrente que este circuito solicita quando é ligado a uma fonte de 110 V, 50 Hz?

R.: 0,5 A

13 –

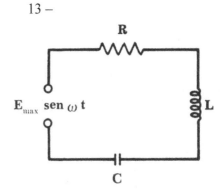

FIG. XXV-8

R = 100 ohms
L = 0,1 henry
C = 5 microfarads
E_{max} = 30 V
ω = 500 rd/s

Determinar os valores eficazes da corrente, da tensão em "R" e da tensão em "L".

R.: 58,3 mA; 5,83 V; 2,91 V

14 – Um motor de indução monofásico solicita 760 W, com fator de potência de 80% em atraso, quando é ligado a uma fonte de 110 V, 60 Hz. Para que o motor possa trabalhar com uma fonte de 150 V, 60 Hz, deverá ser ligada em série com ele uma bobina com fator de potência em atraso igual a 30%. Determinar a resistência e a reatância da bobina.

R.: 1,6 ohm; 5,1 ohms

15 – Num circuito monofásico estão ligados um amperímetro, um voltímetro e um wattímetro que indicam, respectivamente, 12 A, 120 V e 600 W. Determinar o fator de potência, o ângulo de defasagem, a impedância e a resistência efetiva.

R.: 0,4; 65°; 10 ohms; 4 ohms

16 – Um circuito de C.A. em série tem uma resistência de 10 ohms, uma reatância indutiva de 40 ohms e uma reatância capacitiva de 60 ohms, quando ligado a uma fonte de 220 V, 60 Hz. Determinar a impedância do circuito expressa em coordenadas polares e a intensidade da corrente.

R.: 22,37 $\underline{/-63°26'}$ ohms; 9,85 A

17 – Um resistor e um capacitor são ligados em série a uma fonte de 440 V, 50 Hz. A potência solicitada pelo circuito é de 630 W e a grandeza da corrente é 2,6 A. Determinar a impedância, a resistência efetiva e a capacitância em microfarads.

R.: 169 $\overline{\diagdown 56°30'}$ ohms; 93 2 ohms
22,5 μ F

18 – Determinar a tensão necessária para produzir uma corrente de 3,5 A em um circuito de C.A. em série, constituído por 18 ohms de resistência, 9 ohms de reatância indutiva e 22 ohms de reatância capacitiva.

R.: 78$\underline{/-35°}$ V

19 – É necessário que passe uma corrente de 100 mA pela bobina de um relé, para que se fechem seus contatos. Para fazê-lo funcionar com uma fonte de C.C. são necessários 24 V. Com uma fonte de C.A. de 60 Hz são necessários 160 V. Qual a capacitância, em série com o relé, que permitirá seu funcionamento com uma fonte de 120 V, 60 Hz?

R.: 6,5 μ F

20 – Um circuito em série de C.A. contém um resistor não-indutivo, um capacitor e uma bobina que apresenta tanto resistência como indutância. Sabendo que a tensão no resistor é de 40 V, no capacitor é de 80 V e na bobina é de 60 V, determinar a tensão aplicada ao circuito e o ângulo de defasagem entre a corrente e a tensão aplicada. Sabe-se ainda que a corrente está atrasada de 45° em relação à tensão entre os terminais da bobina.

R.: 90,7 V; 24° 30'

21 – determinar a indutância a ser ligada em série com uma capacitância de 350 picofarads, para que haja ressonância a 600 kHz.

R.: 0,2 mH

22 – No circuito da Fig. XXV-9, que está em ressonância, determinar a intensidade da corrente, o fator de potência, a impedância e as tensões RI, $X_L I$ e $X_C I$.

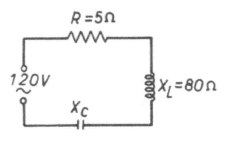

FIG. XXV-9

R.: 24A; cos φ = 1; 5 ohms; 120 V 1.920 V; 1.920 V

23 – A bobina do circuito de sintonia de um resistor de rádio tem uma indutância de 300 microhenrys e 15 ohms de resistência. Qual o valor do capacitor a ser ligado em série com a bobina, para que o circuito entre em ressonância com uma freqüência de 840 kHz?

R.: 120 pF

24 – O capacitor variável usado na sintonia de um receptor tem uma capacitância máxima de 365 picofarads e uma capacitância mínima de 30 picofarads.

a) Que indutância é necessária para que a freqüência mais baixa a ser sintonizada seja de 540 kHz?
b) Qual a freqüência mais alta que pode ser sintonizada com este circuito?

R.: 239 μ H; 1,89 MHz

25 – O circuito de autopolarização de um amplificador de áudio consiste de um resistor de 2.200 ohms em paralelo com um capacitor de 0,2 microfarad. Na freqüência de 1.000 Hz.

a) Qual é a admitância do circuito de cátodo, na forma polar?
b) Qual é a impedância equivalente do circuito de cátodo em coordenadas retangulares?

R.: 0,00133 $\underline{/70°}$ S;   256 – j 703 Ω

26 – Num circuito de C.A. em paralelo a corrente da linha é........ 24,2$\underline{/-17°14'}$ ampères e a corrente num dos ramos é 14,7$\overline{\setminus 54°26'}$ ampères. Determinar a corrente no outro ramo, dando a resposta na forma polar.

R.: 15,4 A$\underline{/18°30'}$ A

27 – Um circuito de C.A. em paralelo contém resistência pura no 1° braço, indutância pura no 2° braço e capacitância pura no terceiro. Sabendo que as correntes nos braços são iguais, respectivamente, a 30 A, 25 A e 15 A, determinar a corrente solicitada da fonte e o ângulo de defasagem entre ela e a tensão aplicada ao circuito.

R.: 31,6 A; 18° 26'

28 – Um circuito de corrente alternada em paralelo contém 0,0001 ohm de resistência e 2 mH de indutância em um dos ramos, e 500 picofarads de capacitância no outro ramo. Qual a freqüência de ressonância deste circuito?

R.: 159.000 Hz

29 – Um motor monofásico solicita 200 W com um fator de potência igual a 0,8 (em atraso), quando é ligado a uma fonte de 220 V, 60 Hz. Um capacitor estático é ligado em paralelo com

o motor, para tornar unitário o fator de potência do circuito. Determinar a capacitância requerida.

R.: 82,2 μ F

30 – Um motor de indução solicita 6 A, com um fator de potência (em atraso) de 0,8, quando é ligado a uma fonte de 208 V, 60 Hz.
a) Que valor de capacitância deverá ser ligado em paralelo com o motor para tornar unitário o fator de potência do circuito?
b) Qual será, então, a intensidade da corrente fornecida pela fonte?

R.: 46 μ F; 4,8 A

31 – O fator de potência de uma carga ligada a uma fonte de 120 V, 60 Hz, é elevado de 0,707 (em atraso) para 0,866 (em atraso), ligando-se um capacitor de 53 microfarads em paralelo com a mesma. Qual é a potência real na carga?

R.: 682 W

32 – Uma bobina (com 10 ohms de resistência e 12 ohms de reatância indutiva) é ligada em série com um circuito paralelo de dois ramos (Figura XXV-10). O ramo um contém 20 ohms de resistência e 40 ohms de reatância capacitiva, e o ramo dois contém 15 ohms de resistência e 20 ohms de reatância indutiva. Determinar a impedância do circuito série-paralelo.

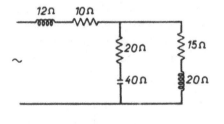

FIG. XXV-10

R.: 41,9 $\angle$ 30° 31' Ω

33 – Determinar a impedância do circuito (Fig. XXV-11) e o fator de potência do mesmo.

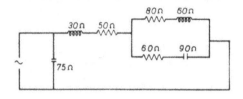

FIG. XXV-11

R.: 70$\lfloor$56° 58'; 0,5

34 – O fator de potência do circuito (Fig. XXV-12) é unitário. Que corrente existe no braço com o capacitor?

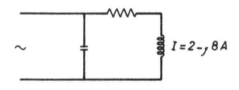

FIG. XXV-12

R.: + j 8 A

35 – Se a capacitância no circuito (Fig. XXV-13) for de 200 picofarads, determinar as indutâncias de L_1 e L_2 para que o circuito rejeite um sinal de 456 kHz e aceite um sinal de 1.200 kHz.

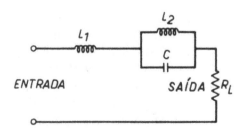

FIG. XXV-13

R.: 103 mH; 612 μH

CAPÍTULO XXVI

TRANSFORMADORES MONOFÁSICOS

Generalidades

Transformadores são máquinas elétricas muitíssimo importantes, que podem ser usadas para transformar valores de tensões ou correntes variáveis, para casar impedâncias e para isolar partes de um circuito elétrico.

Em Eletrotécnica os transformadores são projetados para operar com tensões e correntes senoidais relativamente grandes; em Eletrônica, os transformadores lidam com formas de onda complexas de freqüências diversas, geralmente em potências baixas. Os transformadores são máquinas de grande eficiência, e os de grandes potências apresentam comumente 99% de rendimento.

Seu funcionamento é baseado no fenômeno da indução mútua. Um transformador é constituído no mínimo por duas bobinas, dispostas de tal modo que uma delas fica submetida a qualquer campo magnético produzido na outra. Estas bobinas geralmente estão enroladas em um mesmo núcleo de ferro, que é o NÚCLEO DO TRANSFORMADOR. As duas bobinas constituem os enrolamentos PRIMÁRIO e SECUNDÁRIO do transformador; o enrolamento primário é aquele no qual é produzido um campo magnético variável, para que apareça uma força eletromotriz induzida na outra bobina ou enrolamento secundário.

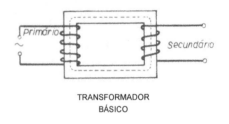

TRANSFORMADOR BÁSICO

FIG. XXVI-1

O Transformador Ideal

De acordo com o que já estudamos, um transformador apresenta perdas resultantes da resistência oferecida pelos condutores de cobre (PERDAS NO COBRE ou PERDAS POR EFEITO JOULE) e também em virtude das correntes de Foucault e da histerese (PERDAS NO NÚCLEO ou PERDAS NO FERRO).

Além disto, deve ser considerado num transformador o fato de que nem todo o fluxo produzido no primário é aproveitado pelo secundário.

Entretanto, para facilitar a compreensão do funcionamento e do cálculo de um transformador, consideraremos inicialmente um TRANSFORMADOR IDEAL, ou seja, um transformador sem perdas e com coeficiente de acoplamento 100%.

A tensão média de auto-indução no primário de um transformador é igual a

$$E_{média} = -N_p \frac{\Delta \phi}{\Delta t}$$

Ora, num transformador ideal não haveria no primário outra dificuldade além da sua reatância indutiva, e, portanto, esta mesma equação exprime, numericamente, o valor da tensão aplicada ao primário (E_p). No transformador real há, evidentemente, outros parâmetros a serem considerados, mas tudo se faz para que a tensão aplicada ao primário seja praticamente igual à força contra--eletromotriz no mesmo.

Um transformador pode funcionar ligado a uma fonte de C.C. desde que a intensidade da corrente no primário seja variável. Como exemplo, pode-se citar a bobina de ignição do sistema elétrico de um automóvel.

Geralmente, porém, um transformador é calculado para trabalhar com C.A. Assim, podemos dizer que, para um quarto de ciclo da tensão senoidal aplicada ao primário, o valor médio da tensão de auto-indução no primário é

$$E_{média} = E_p = N_p \frac{\Delta \phi}{\Delta t} =$$

$$= N_P \frac{\phi_{max}}{1/4f} = 4fN_P \phi_{max}$$

O valor máximo da tensão é:

$$E_{p(máxima)} = E_p = N_p \frac{\Delta \phi}{0,636} =$$

$$= 6,28 fN_p \phi_{max}$$

O valor eficaz da tensão é:

$$E_p \text{ (eficaz)} = 0,707 \times 6,28 \, N_p \, \phi_{max}$$

$$E_p \text{ (eficaz)} = 4,44 \, f \, N_p \, \phi_{max}$$

Esta equação é conhecida como a EQUAÇÃO DE UM TRANSFORMADOR ou a EQUAÇÃO FUNDAMENTAL DE UM TRANSFORMADOR.

$E_p =$ valor eficaz da tensão aplicada ao primário do transformador, em VOLTS (V)

$f =$ freqüência da tensão aplicada ao primário do transformador, em HERTZ (Hz)

$N_p =$ número de espiras do primário do transformador.

$\varphi_{max} =$ fluxo máximo produzido no primário do transformador, em WEBERS (Wb).

Da equação acima conclui-se que

$$N_P = \frac{E_p}{4,44f\phi_{max}}$$

O valor de E_p, como já sabemos, é o valor da tensão da rede na qual iremos ligar o transformador. Quanto ao valor de φ_{max}, só depende da qualidade magnética do material usado para constituir o núcleo do transformador. Os fabricantes de chapas para núcleos de transformadores prestam informações sobre o máximo de densidade de fluxo magnético que pode ser obtido com o material que produzem. Ora, quem conhece o valor da densidade de fluxo conhece o fluxo magnético. Mas, qual a seção do núcleo? Este é um elemento de cálculo que depende da potência para a qual o transformador é projetado, e seu valor obedece a recomendações de ordem prática, fruto da experiência ad-

Fundamentos de Eletrotécnica 177

quirida pelo homem. Outros caminhos poderiam ser sugeridos para o cálculo de um transformador, pois se trata de um circuito magnético, mas esta é uma orien-tação adotada na prática.

Como estamos raciocinando com um transformador ideal, é fácil concluir que o valor eficaz da tensão induzida no secundário é

$$E_s \text{ (eficaz)} = 4,44 \, f \, N_s \, \phi_{max}$$

ϕ_{max} = o fluxo produzido no primário, em WEBERS (Wb)

N_s = número de espiras do secundário do transformador.

f = freqüência da tensão aplicada ao primário, em HERTZ (Hz)

E_s = valor eficaz da tensão induzida no secundário do transformador, em VOLTS (V).

A expressão em questão mostra-nos que é possível fazer TRANSFORMA-DORES REDUTORES e ELEVA-DORES DE TENSÃO; tudo depende da relação entre o número de espiras do primário e o número de espiras do secundário. Com efeito, dividindo E_p por E_s temos:

$$\frac{E_p}{E_p} = \frac{4,44f \, N_p \phi_{max}}{4,44f \, Ns \phi_{max}} = \frac{N_p}{N_s}$$

Como o nosso transformador é ideal, a potência do secundário é igual à do primário:

$$S_p = S_s$$

$$E_p I_p = E_s I_s$$

donde

$$\frac{E_p}{E_s} = \frac{I_s}{I_p}$$

Concluímos então que

$$\frac{E_p}{E_s} = \frac{N_p}{N_s} = \frac{I_s}{I_p} = a$$

Estas razões são chamadas RELA-ÇÕES DE TRANSFORMAÇÃO e são designadas comumente pela letra a.

Impedância Refletida

Qualquer variação na impedância ligada ao secundário de um transformador implica na variação da corrente no seu enrolamento primário. Se a impedância do secundário aumenta, diminui a corrente que ele fornece, e é menor a energia solicitada do secundário em cada segundo. Mas, o secundário não cria energia, e toda energia que ele fornece é transferida do primário. Como a tensão no primário é constante, a corrente no primário cai na mesma razão que a do secundário, como se deduz da equação

$$S_p = S_s$$

Se fosse diminuída a impedância ligada ao secundário, a corrente neste enrolamento seria maior, o que implicaria em maior corrente no primário.

Vê-se, portanto, que qualquer alteração na impedância do secundário afeta a do primário, e, em face disto, fala-se de IMPEDÂNCIA REFLETI-DA. Para estabelecermos uma relação entre as impedâncias em apreço, sigamos o seguinte raciocínio:

Sabemos que

$$Z_p = \frac{E_p}{I_p}$$

e que

$$E_p = \frac{N_p \, E_s}{N_s} = a \, E_s$$

Mas,

$$I_p = \frac{N_s I_s}{N_p} = \frac{I_s}{a}$$

donde

$$Z_p = a^2 \frac{E_s}{I_s}$$

ou

$$Z_p = a^2 Z_s$$

Em um bom transformador a impedância do secundário pode ser considerada igual à da carga ligada aos seus terminais. Da mesma forma, pode-se considerar, na prática, que só há corrente no primário quando há no secundário (a corrente no primário, com o secundário sem carga, é aproximadamente 5% da corrente que existe quando o secundário está com carga total), e assim Z_p seria a impedância do secundário, COMO É "VISTA" PELA FONTE QUE ALIMENTA O PRIMÁRIO DO TRANSFORMADOR. Com um transformador, uma impedância de um certo valor ligada ao secundário pode ser "VISTA" pela fonte que alimenta o primário com qualquer valor desejado (considerados apenas os termos da expressão).

Graças a este conhecimento é possível fazer o que se chama de CASAMENTO DE IMPEDÂNCIAS, recurso muito usado em Eletrônica, como por exemplo no transformador de saída de um receptor de rádio, em que um alto-falante de 4 ohms de impedância ligado ao secundário pode ser "visto" pela válvula de saída ligada ao primário (a válvula funciona como fonte ligada ao primário) como uma impedância de 5.000 ohms!

Formas do Núcleo

Há dois tipos gerais de núcleos para transformadores: NÚCLEO ENVOLVENTE e NÚCLEO ENVOLVIDO:

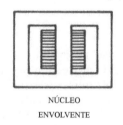
NÚCLEO
ENVOLVENTE

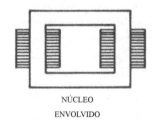
NÚCLEO
ENVOLVIDO

FIG. XXVI-2

Os núcleos são constituídos por lâminas sobrepostas, isoladas umas das outras, com o objetivo de reduzir as perdas causadas pelas correntes de Foucault. As lâminas de "ferro para transformador" são vendidas geralmente em tamanhos e formas padronizadas.

Secundários de um Transformador

Um transformador pode ter um ou vários secundários. Como foi visto, o secundário de um transformador pode proporcionar tensão maior (TRANSFORMADOR ELEVADOR) ou menor (TRANSFORMADOR ABAIXADOR) que a do primário. Pode também apresentar a mesma tensão do primário, transferindo apenas energia de um circuito para outro, sem ligação elétrica entre eles.

O mesmo transformador pode apresentar enrolamentos secundários abaixadores e elevadores, como, por exemplo, os transformadores utilizados na fonte de alimentação de receptores de rádio.

Especificações dos Transformadores

Os transformadores são especificados geralmente em termos de tensões do primário e do secundário, freqüência e potência aparente do secundário. Faz-se também referência à potência aparente e à corrente solicitada do primário. Essas especificações são estabelecidas com base na elevação de temperatura interna, resultante das perdas no cobre e no núcleo, e não devem ser excedidas em funcionamento contínuo.

Circuito Equivalente de um Transformador

Um transformador com núcleo de ferro pode ser representado pelo circuito equivalente abaixo:

I_e = corrente de excitação que

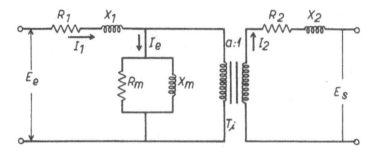

FIG. XXVI-3

depende da tensão aplicada e da freqüência. É relativamente independente da corrente de carga e, com carga total, representa uma pequena fração de I_1.

Ti = representa um transformador ideal, com relação de espiras.

$$\frac{N_1}{N_2} = a$$

R_m = simboliza as perdas no ferro (correntes de Foucault e histerese).

R_1 = representa a perda no cobre do enrolamento primário.

R_2 = perda no cobre do enrolamento secundário.

X_1 = reatância de perda do primário.

X_2 = reatância de perda do secundário. X_1 e X_2 representam as perdas de fluxo nos dois enrolamentos. Estas perdas não constituem um consumo de energia, mas reduzem a tensão de saída do transformador, e essa redução é proporcional à corrente no transformador.

X_m = reatância de magnetização do transformador; o fluxo é criado pela componente de corrente através de X_m.

Como os parâmetros em apreço têm valores que dependem de circunstâncias diversas, é geralmente possível representar o circuito equivalente de modo mais simples, com pequena margem de erro, com a vantagem de permitir a análise independente das perdas no ferro e no cobre:

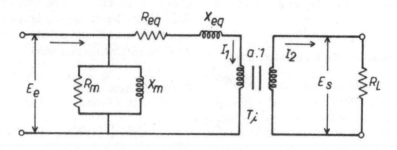

Circuito Equivalente Simplificado

FIG. XXVI-4

R_{eq} = resistência equivalente (perdas no cobre)

X_{eq} = reatância de perda equivalente.

Partindo da relação
$$Z_p = a^2 Z_s$$
$$R_{eq} = R_1 + a^2 R_2$$
$$X_{eq} = X_1 + a^2 X_2$$

Eficiência de um Transformador

É a relação entre a potência de saída e a potência de entrada. A eficiência (ou rendimento) de um transformador é normalmente determinada com carga total e fator de potência unitário, e dada em percentagem.

$$\eta = \frac{P_s}{P_e} = \frac{P_e - P_{perdas}}{P_e}$$

P_{perdas} = corresponde às perdas no ferro e no cobre. As perdas no ferro são constantes, para tensão de entrada e freqüência constantes; as perdas no cobre variam de acordo com a carga.

Regulação de um Transformador

É dada pela relação

$$\frac{E_s \text{ (sem carga)} - E_s \text{ (com carga total)}}{E_s \text{ com carga total}}$$

E_s = tensão no secundário.

Na medição das tensões em apreço a tensão do primário deve ser mantida constante. A regulação é expressa em percentagem, e quanto menor o seu valor melhor a regulação de tensão do transformador

Testes em Circuito Aberto e em Curto-Circuito

Com estes testes ficamos habilitados a determinar a eficiência e a regulação de tensão de um transformador, com grande precisão.

No teste com circuito aberto (secundário aberto), o primário do transformador é ligado a uma fonte com a tensão e a freqüência nominais do transformador. A razão

$$\frac{E_p}{E_s}$$

obtida com as indicações de dois voltímetros ligados respectivamente aos terminais do primário e do secundário, dá a razão entre o número de espiras do primário e do secundário.

Um amperímetro ligado no primário indica a corrente sem carga dando ao mesmo tempo uma idéia da qualidade magnética do núcleo. Esta corrente representa comumente menos de 5% da corrente com carga total, de modo que a perda I^2R sem carga é menor do que 1/400 da perda I^2R no primário com carga total, e é desprezível, comparada com a perda no núcleo. Em face do exposto, um wattímetro colocado no primário indica a perda no núcleo do transformador.

No outro teste, o secundário é posto em curto por meio de um amperímetro adequado. Uma fonte de tensão ajustável é aplicada ao primário e seu valor, dentro das possibilidades, deve fazer circular nos enrolamentos primário e secundário correntes de valores correspondentes às que existem com carga completa. A tensão em apreço deve ser de valor BAIXO. Neste teste, a perda do cobre dos enrolamentos é a mesma do caso anterior, porém a perda no núcleo é muitíssimo menor, praticamente desprezível, pois a tensão aplicada é aproximadamente 25 vezes menor do que a tensão nominal. Um wattímetro ligado no primário indicará a potência perdida no cobre dos enrolamentos primário e secundário.

A soma das potências determinadas nos testes em questão é a PERDA TOTAL, com carga total aplicada ao transformador. Conhecido este valor é fácil determinar o rendimento utilizando-se a equação estudada em um dos parágrafos anteriores.

Autotransformador

O autotransformador é um transformador cujo funcionamento depende do fenômeno da auto-indução e sua característica principal, no que diz respeito à sua construção, é ser constituído por um único enrolamento.

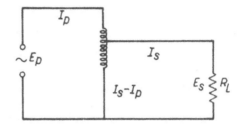

FIG. XXVI-5

Também pode ser usado para elevar ou reduzir a tensão. Sua desvantagem principal é, paradoxalmente o fato de ser constituído por um único enrolamento, pois este fator não permite diferenças muito grandes entre as tensões do primário e do secundário e exige que o isolamento da parte de baixa tensão seja igual ao da parte de alta tensão, porque estão ligadas eletricamente. Dissemos paradoxalmente porque com um enrolamento apenas gasta-se menos cobre e a parte comum do enrolamento pode ser de fio bem mais fino, pois a corrente nessa parte comum é, praticamente, a diferença entre a corrente do primário e a do secundário.

Quando o transformador é redutor de tensão os extremos do enrolamento são ligados à fonte, correspondendo ao primário; o secundário é parte do enrolamento. Quando o transformador é elevador de tensão, dá-se exatamente o contrário.

As relações de transformação estudadas para os transformadores são também aplicáveis aos autotransformadores.

EXEMPLOS:

1 –

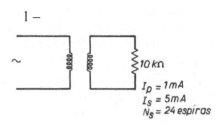

$I_p = 1mA$
$I_s = 5mA$
$N_s = 24\ espiras$

FIG. XXVI-6

Determinar o número de espiras do primário.

SOLUÇÃO:

$$\frac{N_p}{N_s} = \frac{I_s}{I_p} \therefore N_p = \frac{N_s I_s}{I_p}$$

$$N_p = \frac{24 \times 5}{1} = 120 \text{ espiras}$$

2 – No transformador abaixo, determinar a impedância do circuito primário.

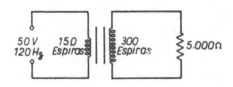

FIG. XXVI-7

SOLUÇÃO:

$$Z_p = a^2 Z_s$$

$$Z_p = (\frac{150}{300})^2 \times 5.000 = 1.250 \Omega$$

3 – Se uma impedância de 3 ohms for ligada ao secundário de um transformador de 440/6 volts, qual será a corrente no primário?

SOLUÇÃO:

$$a = \frac{440}{6}$$

$$Z_p = a^2 Z_s = (\frac{440}{6})^2 \times 3 =$$
$$= 16.133,3 \Omega \text{ aprox.}$$

$$I_p = \frac{E_p}{Z_p} = \frac{440}{16.133,3} = 0,02 \text{ A}$$

ou simplesmente,

$$I_s = \frac{6}{3} = 2 \text{ A}$$

$$\frac{E_p}{E_s} = \frac{I_s}{I_p} \therefore I_p = \frac{E_s I_s}{E_p}$$

$$I_p = \frac{6 \times 2}{440} = 0,02 A$$

4 – Um autotransformador é usado para elevar a tensão de 13.200 para 23.000 volts. Sabendo que a potência entregue é de 46 kVA, determinar a corrente no primário, no secundário e na parte comum do enrolamento.

SOLUÇÃO:

$$I_p = \frac{46000}{13200} = 3,48 A$$

$$I_s = \frac{46.000}{23.000} = 2 A$$

Na parte comum = 3,48 – 2 =
= 1,48 A

PROBLEMAS

TRANSFORMADORES

1 – Um transformador de áudio tem um primário com 1.200 espiras. Quantas espiras deverá ter seu secundário para que um alto-falante de 4 ohms seja "visto" como uma carga de 5.000 ohms, por uma válvula amplificadora ligada ao primário?

R.: 34 espiras

2 – O transformador de saída da Fig. XXVI-8 proporciona a impedância de carga correta a uma válvula amplificadora, quando uma carga de 8 ohms é ligada aos terminais "A" e "B" ou uma carga de 16 ohms é ligada aos terminais "A" e "C". Qual a carga que pode ser aplicada aos terminais "B" e "C", para apresentar a mesma impedância refletida?

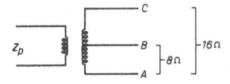

FIG. XXVI-8

R.: 1,38 ohm

3 –

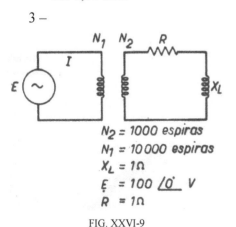

N_2 = 1000 espiras
N_1 = 10000 espiras
X_L = 1 Ω
E = 100 /0° V
R = 1 Ω

FIG. XXVI-9

Determinar as potências real, reativa e aparente fornecidas pelo gerador.

R.: 50 W; 50 Vars; 70,7 VA

4 – Escolher a razão N_1/N_2 e a reatância X_L de modo que a potência fornecida pelo gerador seja de 500W, com fator de potência unitário.

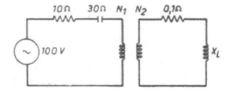

FIG. XXVI-10

R.: a = 10; X_L = 0,3 ohm

5 – Um transformador de 2.400/240 V, 500 kVA, é ligado a uma linha de 2.400 V. Considerando que o transformador é ideal, qual a grandeza da impedância de carga que fará o transformador operar em plena carga?

R.: 1,153 ohm

6 – Testes efetuados em um transformador de 880/220 V, 5 kVA, deram os resultados seguintes:

– Teste com circuito aberto (instrumentos no lado de baixa tensão):

P = 100 W
E = 220 V
I = 1A

– Teste em curto-circuito (instrumentos no lado de alta tensão)

P = 90 W
E = 24 V
I = 5,68 A

A fim de obter 220 V aplicados à carga, sob condições nominais, é necessário ajustar o gerador de modo que a tensão no secundário sem carga seja de 240 V.
a) Calcular a resistência magnetizante (r_m), referida ao lado de maior tensão.
b) Calcular a resistência total do enrolamento (r_t) referida ao lado de maior tensão.
c) Sob condições normais, fator de potência unitário, determinar:
1 – Eficiência.
2 – Regulação de tensão.
d) Qual o valor da corrente de excitação fornecida pelo gerador (gerador no lado de tensão maior)?
R.: 7.750 ohms – 2,79 ohms – 96,4% – 9,09% – 0,25 A

7 – Um transformador de 5 kVA, 440/220 V, é testado com os seguintes resultados:
– Teste em circuito aberto (instrumentos no lado de baixa tensão):

E = 220 V
I = 1 A
P = 100 W

– Teste em curto-circuito (instrumentos no lado de alta tensão):
E = 12 V
I = 11,35 A
P = 90 W

Desenhar o circuito equivalente do transformador, com todas as quantidades referidas ao lado de alta tensão.

R.:

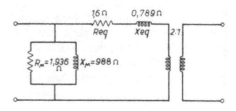

FIG. XXV-11

CAPÍTULO XXVII

NOÇÕES DE MÁQUINAS DE CORRENTE CONTÍNUA

Generalidades

Os geradores e os motores de corrente contínua apresentam, basicamente, a mesma constituição, diferindo apenas no que diz respeito à aplicação, porque o gerador converte energia mecânica em elétrica, e, com o motor, obtém-se energia mecânica a partir da energia elétrica.

Como um gerador elétrico envolve a conversão de energia mecânica em elétrica, conclui-se que se deve imprimir movimento mecânico a alguma parte da máquina, que, então, se desloca em relação a uma outra. No gerador é comum a colocação de um grande número de condutores de cobre, ligados de modo adequado, sobre um número cilíndrico de aço, o qual é feito girar entre os pólos de eletroímãs ou ímãs permanentes de forma especial; o núcleo em apreço é laminado para diminuir o efeito das correntes de Foucault. Dá-se à parte girante o nome de ARMADURA. O conjunto de ímãs constitui o CAMPO da máquina. A movimentação dos condutores de cobre resulta no aparecimento de tensões induzidas nos mesmos (rever FORÇA ELETROMOTRIZ INDUZIDA – LEI DE LENZ).

No motor também são dispostos condutores de cobre sobre a armadura. O torque é desenvolvido quando os condutores são percorridos por uma corrente elétrica, pois o conjunto fica submetido a um campo magnético (rever FORÇA QUE ATUA SOBRE UM CONDUTOR QUE CONDUZ CORRENTE NUM CAMPO MAGNÉTICO).

Construção

Para fins de descrição, os motores e os geradores de corrente contínua podem ser divididos em duas partes, uma estacionária e a outra girante. A parte fixa é conhecida como ESTATOR, e a parte móvel é chamada ROTOR.

O estator tem como função primordial a de proporcionar o campo magnético, no qual giram os condutores da armadura. Nesta parte, além dos pólos propriamente ditos encontramos geralmente os conjuntos das escovas.

O rotor é constituído por um núcleo de aço laminado, no qual existem ranhuras destinadas a receber o enrolamento (os condutores) de que falamos nos parágrafos anteriores. No mesmo eixo desta peça, que já conhecemos com o nome de armadura, há um conjunto de segmentos de cobre, o COMUTADOR ou COLETOR, sobre o qual deslizam as ESCOVAS, que servem de condutores intermediários entre o enrolamento da armadura e o circuito externo.

Enrolamento do Campo

As máquinas que utilizam ímãs permanentes são usadas apenas em casos especiais.

No tipo comum, com eletroímãs, as bobinas utilizadas para produzir o campo magnético têm aspectos diversos, de acordo com o tipo de excitação empregado, que permite a divisão das máquinas de corrente contínua em três categorias:
- SÉRIE
- "SHUNT" (PARALELO)
- "COMPOUND" (série-paralelo ou composta)

Na máquina série, as bobinas de campo (as que constituem os eletroímãs) ficam em série com o enrolamento da armadura, e constam de poucas espiras de fio grosso.

Na máquina "shunt", o conjunto das bobinas de campo fica em paralelo com o enrolamento da armadura, e elas são feitas com um grande número de espiras de fio fino.

O gerador "compound" é uma combinação dos dois tipos citados.

Além dos motores e geradores citados há o de EXCITAÇÃO INDEPENDENTE cujas bobinas de campo apresentam características semelhantes às do gerador "shunt" e são alimentadas por uma fonte de C.C. independente.

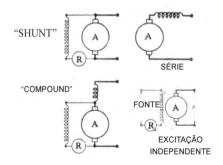

FIG. XXVII-1

Interpólos e Enrolamentos Compensadores

Nas correntes que fluem no enrolamento da armadura criam forças magnetomotrizes cujos fluxos magnéticos, pela Lei de Lenz, tendem a se opor à ação do campo principal, alterando-o, e produzindo centelhas nas escovas. Para evitar essa ação indesejável da armadura (conhecida como REAÇÃO DA ARMADURA), são utilizados INTERPÓLOS ou PÓLOS COMUTADORES, que são bobinas de poucas espiras de fio grosso, enroladas em núcleos laminados estreitos, dispostos entre os pólos principais da máquina.

Nas máquinas grandes há normalmente tantos interpólos quantos são os pólos principais. Nas máquinas pequenas, porém, o total de interpólos corresponde quase sempre à metade do número de pólos principais. Os enrolamentos desses interpólos ficam permanentemente ligados em série com o enrolamento da armadura, porque eles devem produzir fluxos proporcionais à corrente na armadura.

Um detalhe importante é o que se refere às polaridades dos interpólos. Em um gerador, AS POLARIDADES DOS INTERPÓLOS SÃO AS MESMAS DOS PÓLOS PRINCIPAIS QUE SE SEGUEM, NO SENTIDO DE ROTAÇÃO. Em um motor. AS POLARIDADES DOS INTERPÓLOS SÃO AS MESMAS DOS PÓLOS PRINCIPAIS QUE OS PRECEDEM, NO SENTIDO DE ROTAÇÃO.

Em geradores e motores cujas correntes de armadura são extremamente altas, o campo magnético que se produz nesta parte da máquina pode produzir efeitos indesejáveis (distorção no campo principal, produzindo centelhas nas escovas) em zonas que ficam fora da influência dos interpólos. Para evitar o fenômeno em apreço, são usados ENROLAMENTOS COMPENSADORES. Estes enrolamentos são dispostos em ranhuras ou aberturas nas faces dos pólos principais, e sua instalação é muito dispendiosa; felizmente não são necessários nas máquinas de capacidades menores.

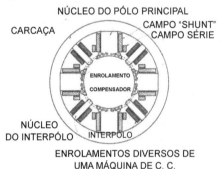

ENROLAMENTOS DIVERSOS DE UMA MÁQUINA DE C. C.

FIG. XXVII-2

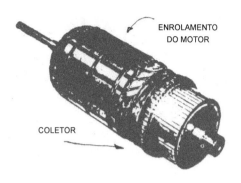

FIG. XXVII-3

Comutador ou Coletor

Trata-se de um dispositivo engenhoso, resistente e eficaz, cuja função numa máquina de corrente contínua é extremamente importante.

Em um gerador ele converte a corrente alternada gerada internamente em corrente contínua para uso no circuito externo.

Em um motor, sua ação é exatamente oposta, transformando uma corrente contínua aplicada externamente em uma corrente alternada no enrolamento da armadura.

É constituído por segmentos de cobre de formato característico, montados sobre um cilindro de aço; os segmentos são isolados entre si e do cilindro de aço.

Conjuntos de Escovas

O conjunto das escovas faz parte do mecanismo de comutação, sendo constituído por um grupo de suportes para escovas. Comumente há tantos grupos de suportes para escovas quantos são os pólos, como é natural, uma escova, que faz bom contato com o coletor, graças à ação de uma mola. Os suportes são ligados entre si e aos terminais da máquina por meio de condutores.

CONJUNTO DE ESCOVAS

FIG. XXVII-4

CAPÍTULO XXVIII
NOÇÕES DE MÁQUINAS DE CORRENTE ALTERNADA (ALTERNADORES)

Os geradores de C.A. (ou alternadores), cujo princípio de funcionamento foi estudado nos capítulos sobre produção de força eletromotriz induzida e de corrente alternada senoidal, são constituídos também por um ROTOR e um ESTATOR. Nos alternadores de pequenas capacidades, a construção é semelhante à de dínamo (nome dado às máquinas de C.C.), com as bobinas de campo no estator e o aparecimento da tensão induzida no rotor. Como sabemos, mesmo nos geradores de C.C. a tensão que aparece no enrolamento da armadura é alternada, sendo retificada, para uso externo, pelo comutador. Os geradores de C.A., como é evidente, não precisam de comutador; em seu lugar são dispostos ANÉIS COLETORES, um para cada extremo do enrolamento em que aparece a tensão induzida. Os anéis coletores fazem contato permanente com as escovas, e, por meio destas, são ligados ao circuito externo.

Quando as máquinas produzem tensões altas, é mais comum dispor as bobinas de campo no rotor. A tensão produzida no gerador aparece no enrolamento distribuído pelo estator. Este sistema é mais conveniente, porque a ligação do circuito externo é feita diretamente aos terminais do enrolamento do estator; com a ligação por meio de anéis e escovas sempre há o perigo de curto-circuito, arcos voltaicos, etc. Os anéis servem então para a alimentação, por C.C., das bobinas de campo. Este tipo de construção também é mais conveniente devido à velocidade com que gira o rotor da máquina; a força centrífuga poderia provocar a saída dos condutores das ranhuras do rotor.

EXCITATRIZ é o nome dado a um gerador de C.C. utilizado para fornecer a corrente necessária à criação do campo magnético, em um alternador.

Há dois tipos básicos de alternadores:

– geradores SÍNCRONOS
– geradores de INDUÇÃO

O alternador SÍNCRONO é o mais comum, e seu funcionamento e sua constituição correspondem ao que foi dito nos parágrafos anteriores.

Os geradores de INDUÇÃO são de construção especial e de aplicação praticamente restrita à alimentação de dispositivos que trabalham com freqüências não comuns (90, 100, 175 ou 180 Hz). As freqüências usuais dos geradores de usinas fornecedoras de energia elétrica são 60 ou 50 Hz.

Os geradores de C.A. também são classificados como
– MONOFÁSICOS e
– POLIFÁSICOS

No gerador monofásico é produzida uma única tensão, pois há um único enrolamento submetido ao campo magnético.

Nas máquinas polifásicas há mais de um enrolamento submetido ao campo magnético, nos quais aparecem tensões independentes, porém iguais. O gerador com três enrolamentos independentes (TRIFÁSICO) é o mais comum.

Internamente ou externamente são efetuadas ligações entre os terminais dos enrolamentos onde aparecem as tensões induzidas, das quais resultam combinações de tensões e características especiais.

Num gerador trifásico são feitos dois tipos de ligação:

– em ESTRELA (Y)
– em TRIÂNGULO (Δ)

Sistemas Trifásicos

Os enrolamentos em que aparecem as tensões induzidas são as FASES do gerador.

Num gerador trifásico as FASES estão distribuídas de tal modo no induzido (parte da máquina em que aparecem as f.e.m. induzidas) que as três tensões obtidas estão defasadas, uma das outras, de 120 graus elétricos.

Na ligação em estrela, representada de acordo com a figura abaixo, os enrolamentos são ligados entre si por meio de um de seus extremos, dando origem a um ponto comum, de onde sai,

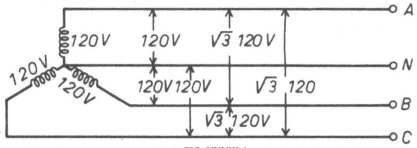

FIG. XXVIII-1

na figura, o fio designado com a letra N (FIO NEUTRO). Dos outros extremos saem os condutores (FIOS FASES) designados com as letras A, B e C.

Como mostra a figura em questão, podem ser obtidos dois valores de tensão: uma tensão menor, entre qualquer fio fase e o neutro (tensão esta igual à induzida num dos enrolamentos), e uma tensão maior, entre dois fios fases quaisquer; no nosso exemplo, 120 V e $\sqrt{3} \times 120 = 207{,}8$ V aproximadamente.

A intensidade da corrente em um fio fase é igual à intensidade da corrente em cada enrolamento do induzido da máquina. A intensidade da corrente no fio neutro é a soma vetorial das **correntes de linha**, como são chamadas as correntes nos fios fases.

Para facilidade de expressão, designamos as grandezas em apreço do seguinte modo:

I_L = corrente de linha
I_F = corrente de fase
E_L = tensão entre dois fios fases quaisquer (tensão de linha)
E_F = tensão induzida em cada enrolamento.

No caso em estudo,

$$I_L = I_F$$

$$E_L = \sqrt{3}\, E_F$$

Esta última relação é determinada pelo fato de que corresponde à soma vetorial de duas tensões iguais defasadas de 120 graus elétricos, porém uma delas "invertida", o que se consegue com a escolha correta dos terminais dos enrolamentos.

A potência total num sistema trifásico alimentado por um gerador deste tipo é a soma das potências das três fases:

P (de uma fase) = $E_F\, I_F\, \cos\varphi$

P (do sistema) = 3 $E_F\, I_F\, \cos\varphi$

Mas $\quad E_F = \dfrac{E_L}{\sqrt{3}}$

e

$$I_F = I_L$$

logo

$$P\text{ (do sistema)} = 3 \times \dfrac{E_L}{\sqrt{3}} \times I_L \times \cos\varphi$$

ou

P (do sistema) = $\sqrt{3}\ E_L\ I_L\ \cos\varphi$

OBSERVAÇÃO: O nosso estudo foi limitado a um sistema equilibrado, em que as cargas são distribuídas igualmente pelas três fases. NESTE CASO PARTICULAR, A CORRENTE NO FIO NEUTRO É NULA.

Na ligação em TRIÂNGULO (ou DELTA), os enrolamentos são ligados como mostra a figura:

Três fios saem do gerador (A, B

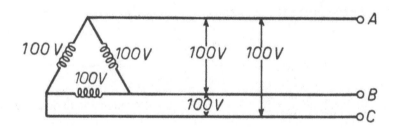

FIG. XXVIII-2

e C), e a tensão entre cada par de fios (E_L) corresponde à tensão induzida em cada enrolamento (E_F). A corrente em cada fio (I_L) que sai do gerador é a soma vetorial das correntes de duas fases:

$$I_L = \sqrt{3}\ I_F$$

$$E_L = E_F$$

A potência por fase é determinada com a expressão

$$P = E_F\, I_F\, \cos\varphi$$

A potência total do sistema é igual a 3 vezes a de uma fase:

Fundamentos de Eletrotécnica

Mas
$$P = 3 E_F I_F \cos\varphi$$

$$E_F = E_L$$

e

$$I_F = \frac{I_L}{\sqrt{3}}$$

logo

P (do sistema) = $3 \times E_L \times$

$$\times \frac{I_L}{\sqrt{3}} \times \cos\varphi$$

ou

P (do sistema) = $\sqrt{3} \, E_L I_L \cos\varphi$

EXEMPLOS:

1 – A corrente de fase em um sistema triângulo equilibrado é de 10 A. Qual o valor da corrente de linha?

SOLUÇÃO:

$$I_L = \sqrt{3} I_F = 1.732 \times 10 = 17,32 A$$

2 – Em um sistema trifásico estrela equilibrado, a tensão de fase é 120 V. Determinar a tensão de linha.

SOLUÇÃO:
$$E_L = \sqrt{3} \, E_F = 1,732 \times 120 =$$
$$= 208 \text{ V aprox.}$$

3 – No sistema da Fig. XXVIII-3, determinar I_1, I_2, E_1, E_2, Z_1, Z_2 e Z_3. Trata-se de um circuito equilibrado.

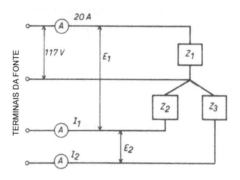

FIG. XXVIII-3

SOLUÇÃO:

$I_1 = I_2 = 20$ A

$E_1 = E_2 = \sqrt{3} \times 117 = 1,732 \times$
$\times 117 = 202,6$ V

$$Z_1 = Z_2 = Z_3 = \frac{117}{20} = 5,85 \text{ohms}$$

CAPÍTULO XXIX

NOÇÕES DE MÁQUINAS DE CORRENTE ALTERNADA (MOTORES)

Os motores de corrente alternada podem ser construídos para trabalhar com uma tensão monofásica (MOTORES MONOFÁSICOS) ou com fontes polifásicas (MOTORES POLIFÁSICOS).

Estudaremos primeiro o tipo mais usado de motor polifásico, o MOTOR TRIFÁSICO, mas antes será necessário ter uma idéia do que é CAMPO ROTATIVO, indispensável ao funcionamento desses motores.

Observemos a figura ao lado, que representa o estator de um motor trifásico e indica como os fios de cada fase são enrolados em pólos sucessivos. A parte inferior da figura mostra graficamente um ciclo de cada uma das correntes e a defasagem de 120° entre elas.

Podemos notar que a corrente "A" apresenta sua maior intensidade no instante 1 e, portanto, produz o campo magnético máximo nos pólos 1 e 4 do motor. Com o sentido indicado para a corrente, o pólo 1 será um pólo norte e o pólo 4 um pólo sul. Se o rotor for um simples ímã em barra montado em um eixo é claro que o seu pólo sul será atraído pelo pólo norte e, evidentemente, o seu pólo norte será atraído pelo pólo sul 4 do motor.

A figura mostra ainda que, com o declínio da corrente "A", o campo magnético dos pólos 1 e 4 também é reduzido, até que no instante 2 a corrente "B" atinge seu pico no sentido oposto e excita o pólo 2 do motor como um pólo norte e o 5 como um pólo sul. O novo campo magnético resultante deslocará o ímã em barra (rotor) para um novo alinhamento com os pólos 2 e 5.

CAMPO ROTATIVO

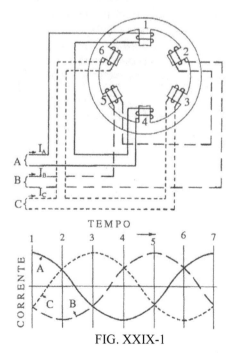

FIG. XXIX-1

Fundamentos de Eletrotécnica 193

No instante 3, a corrente "C" atinge o máximo e faz com que os pólos 3 e 6 se tornem, respectivamente, fortes pólos norte e sul; isto faz com que o rotor (ímã em barra) continue se movimentando no sentido horário. Desta forma, a variação dos campos nos dará a idéia exata de um campo magnético com movimento circular, conhecido como CAMPO ROTATIVO.

Os motores trifásicos podem ser classificados em dois grupos:
- SÍNCRONOS
- DE INDUÇÃO

Os motores síncronos trifásicos são semelhantes aos geradores síncronos. Como se trata de um motor, os três enrolamentos do estator não se destinam à obtenção de forças eletromotrizes e sim à criação de um campo rotativo. O rotor é alimentado por uma fonte de C.C., como nos alternadores.

Em conseqüência das ações entre campos magnéticos, o rotor gira, acompanhando o movimento do campo rotativo. A velocidade do rotor depende da velocidade do campo rotativo; esta é denominada VELOCIDADE SÍNCRONA e depende da freqüência da C.A. trifásica que produz o campo rotativo. Seu valor é calculado a partir da equação

$$f = \frac{nP}{60}$$

donde

$$n = \frac{60f}{p}$$

Esta expressão foi estudada no capítulo sobre produção de uma C.A. senoidal.

Os motores de indução trifásicos são os mais usados. Seu funcionamento depende também do campo rotativo que é produzido no seu estator, do mesmo modo que nos motores síncronos. A grande diferença entre os dois tipos de máquinas está no rotor, que, neste caso, não é alimentado por qualquer fonte externa. O nome deste tipo de motor é justificado pelo fato de que aparecem correntes induzidas no rotor desta máquina, as quais produzem um campo magnético que tende a acompanhar o campo rotativo, EMBORA NUNCA POSSA ATINGIR A VELOCIDADE SÍNCRONA. Aliás, isto é evidente, pois para que haja o aparecimento de tensões induzidas no rotor é necessário que haja movimento relativo entre este e o campo rotativo.

A diferença entre a velocidade síncrona e a velocidade do rotor é chamada DESLIZAMENTO ("SLIP"). O deslizamento é influenciado pela carga aplicada ao rotor.

Os motores trifásicos de indução podem ser classificados em dois grupos, de acordo com a constituição do seu rotor:

- MOTOR COM ROTOR TIPO GAIOLA DE ESQUILO
- MOTOR COM ROTOR BOBINADO

O rotor gaiola de esquilo é geralmente constituído por barras de cobre dispostas em ranhuras feitas em núcleos de ferro laminado. As extremidades das barras de cobre são postas em curto-circuito por anéis de cobre, de modo que o conjunto toma o aspecto de uma gaiola cilíndrica, cujo formato justifica o nome dado ao tipo de rotor em questão.

O rotor com bobinado não é ligado a qualquer fonte externa, apesar de possuir anéis e conjuntos de escovas; estes elementos servem para ligar entre si os extremos das bobinas do rotor e permitir, por meio de resistores, que seja variada a resistência dos enrolamentos, com a finalidade de controlar o deslizamento do rotor.

Os motores com rotor de gaiola são

mais baratos e de mais fácil manutenção, e este tipo de rotor é usado também em motores monofásicos.

Os motores monofásicos podem ser agrupados com três tipos principais:

– MOTORES DE INDUÇÃO
– MOTORES UNIVERSAIS
– MOTORES DE REPULSÃO

Os motores de indução são constituídos por um estator alimentado por corrente monofásica e um rotor do tipo gaiola de esquilo.

Como não é possível produzir um campo rotativo com uma corrente monofásica, são utilizados vários métodos para obtenção do torque da máquina, e são esses diversos sistemas de partida que determinam a grande variedade de motores monofásicos de indução: motores de pólo fendido (processo de retardamento polar), motores de fase dividida, motores com capacitor e motores de indução-repulsão.

A corrente monofásica no estator produz campo magnético variável, que induz corrente no rotor de gaiola. O campo criado no rotor provoca o seu alinhamento com o campo do estator, mas não há torque.

Nos motores com capacitor e de fase dividida são utilizados enrolamentos de partida. As correntes nos dois enrolamentos ficam defasadas pela ação dos capacitores ou pela diferença entre as reatâncias indutivas dos enrolamentos, criando um campo rotativo que permite o funcionamento das máquinas.

Nos motores de repulsão-indução a posição do campo criado no rotor é alterada por meio de escovas, o que cria um torque, em conseqüência da ação entre os campos. Assim que o rotor é posto em movimento e atinge uma determinada velocidade, o motor passa a funcionar como um de indução, pois o seu rotor, que é bobinado e possui coletor, é transformado em um rotor tipo gaiola, pela ação de um dispositivo que põe em curto os segmentos do coletor, a que estão ligados os extremos das bobinas do rotor.

O funcionamento dos motores de repulsão já foi explicado sucintamente no parágrafo anterior, ao tratarmos dos motores de repulsão-indução.

O motor universal recebeu esta denominação porque trabalha em C.C. ou C.A. É, realmente, um motor série de C.C., cujos enrolamentos e circuito magnético foram projetados para trabalhar com eficiência também em C.A.

Os motores monofásicos são geralmente motores fracionários, isto é, de potência inferior a 1 H.P. São muito empregados em aparelhos eletrodomésticos: refrigeradores, liquidificadores, aparelhos de ar condicionado, etc.

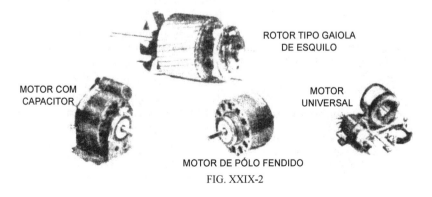

FIG. XXIX-2

APÊNDICES

APÊNDICE I

MEDIDORES ELÉTRICOS

Um medidor elétrico tem a finalidade de determinar os valores de grandezas elétricas, tais como a tensão, a corrente e a potência.

Nestes poucos parágrafos não poderemos, evidentemente, ter uma perfeita idéia do funcionamento e da construção dos medidores, mas apenas saber a finalidade dos instrumentos a que nos referimos nos capítulos deste livro e fazer algumas observações fundamentais.

De um modo geral, os medidores funcionam em conseqüência de fenômenos eletrostáticos ou de campos magnéticos sobre condutores que conduzem correntes ou sobre peças de material magnético.

Galvanômetro

É um dispositivo que tem a finalidade de acusar a existência de uma corrente elétrica e, quase sempre, o seu sentido. Não é propriamente um instrumento de MEDIÇÃO, embora seja a base de um grande número de medidores. O tipo mais conhecido é o galvanômetro de D'Arsonval, cujo princípio básico de funcionamento foi estudado no capítulo XX.

Amperímetro

Destina-se a medir a intensidade de uma corrente elétrica. Deve ser ligado, portanto, em série com o elemento do circuito no qual se deseja saber qual a corrente que está fluindo.

Para que o circuito não sofra alteração apreciável, o amperímetro deve ter a menor resistência interna possível.

O amperímetro é um galvanômetro PREPARADO para MEDIR correntes. Como vimos, o galvanômetro apenas acusa a existência de uma corrente, não possuindo mostrador graduado em unidades de intensidade de corrente elétrica, porque não há o objetivo de medir. Outro detalhe importantíssimo é o de que a agulha indicadora (ponteiro) do instrumento sofre uma deflexão total (percorre toda extensão do mostrador), quando o galvanômetro é percorrido por uma corrente pequeníssima.

Para que o galvanômetro possa acusar correntes maiores e medi-las, é ligado em paralelo com um resistor de valor muito menor que a sua resistência interna, e se usa um mostrador graduado. Este resistor (chamado "SHUNT") desvia o excesso de corrente, protegendo o instrumento e permitindo a medição de correntes grandes. Se o instrumento é preparado para medir AMPÈRES, é chamado AMPERÍMETRO. Se é feito para medir MILIAMPÈRES ou MICROAMPÈRES, é um MILIAMPERÍMETRO ou um MICROAMPERÍMETRO.

O cálculo do "shunt" é uma simples aplicação da Lei de Ohm.

Voltímetro

O voltímetro mede tensão. É um galvanômetro ligado em série com um resistor (RESISTÊNCIA MULTIPLICADORA), de modo que a corrente máxima que produz a deflexão do ponteiro do galvanômetro não é ultrapassada, quando o conjunto é utilizado para efetuar uma medição de tensão.

Os terminais do instrumento são aplicados aos pontos entre os quais se deseja medir a d. d. p., isto é, o voltímetro é ligado em paralelo com o elemento ou parte do circuito entre cujos extremos se deseja conhecer a diferença de potencial. É evidente que este instrumento deve ter uma resistência interna (galvanômetro + resistência multiplicadora) muito grande, para não afetar sensivelmente as características do circuito.

Observações Comuns aos Voltímetros e aos Amperímetros

Estes instrumentos podem ser construídos para uso em C.C., em C.A. ou em ambas as correntes.

Um instrumento feito para medições em circuitos de C.C. NÃO DEVE SER USADO EM C.A.; da mesma forma, um instrumento feito para uso apenas em C.A. NÃO DEVE SER USADO EM C.C.

Outro ponto importante no uso dos instrumentos é a questão da polaridade. Os instrumentos de C.C. têm os seus terminais marcados (+) e (-) (ou outra indicação qualquer), esclarecendo qual o terminal que deve ser ligado ao ponto de onde vêm os elétrons (-) e o que deve ser ligado ao ponto para onde se dirigem os elétrons (+). Os instrumentos para C.A. não apresentam problemas de polaridade.

Ao se efetuar uma medição é necessário verificar se o maior valor na escala do medidor é superior ao provável valor da grandeza a ser medida.

Wattímetro

Trata-se de um medidor de potência. É, praticamente, um conjunto formado por um amperímetro e um voltímetro. Em C.A., como estudamos, indica apenas a potência real.

Ohmímetro

É um circuito constituído basicamente por um medidor de corrente em série com um resistor e uma fonte de C.C. (uma bateria). O circuito está normalmente aberto, e seus terminais livres são as pontas de prova do ohmímetro. O valor do resistor é tal que, quando as pontas de prova se tocam, fechando o circuito, o ponteiro do medidor sofre uma deflexão total.

Se o circuito do ohmímetro for fechado por intermédio de uma peça colocada entre as pontas de prova, a resistência do circuito será maior do que antes e a deflexão do ponteiro do instrumento não será total.

O medidor pode ser graduado em ohms, correspondendo a deflexão total (pontas de prova em curto) à resistência zero e a posição de repouso da agulha do instrumento (circuito aberto) à resistência infinita.

Com o tempo, a bateria se descarrega e, por isso, é normal o uso de um resistor variável em lugar do resistor fixo, para permitir a deflexão total com as pontas de prova em curto; a este ajuste chamados de AJUSTE DO ZERO.

A resistência elétrica dos corpos é medida também por outros processos, entre os quais a ponte de Wheatstone, já estudada.

UM OHMÍMETRO NUNCA DEVE SER APLICADO A UM CIRCUITO QUANDO ESTE ESTÁ EM FUNCIONAMENTO; O CIRCUITO DEVE ESTAR DESLIGADO.

Multímetro

Multímetros são aparelhos que podem funcionar como medidores de tensão, de corrente e de resistência, e, às vezes, para medir ainda outras grandezas. Isto se consegue com uma chave seletora que liga ao galvanômetro um "SHUNT", uma RESISTÊNCIA MULTIPLICADORA ou o conjunto que caracteriza o ohmímetro, permitindo o funcionamento do aparelho na função desejada.

AMPERÍMETRO E VOLTÍMETRO (SIEMENS)

MEDIDORES ELÉTRICOS

MULTÍMETRO (TRIPLETT)

APÊNDICE 2

BITOLA A W G (AMERICAN WIRE GAGE)

Os condutores usados nas ligações entre os diversos elementos de um circuito, ou mesmo na formação desses componentes, são geralmente de seção transversal circular e produzidos pelos fabricantes em medidas padronizadas, constituindo tabelas.

São várias as tabelas (ou bitolas) existentes, e nelas os diversos diâmetros ou seções de fios são designados por números.

A bitola padrão no Brasil é a norte-americana AMERICAN WIRE GAGE (A W G), conhecida também pela denominação antiga de BROWN & SHARPE (B & S):

TABELA AWG	DIÂMETRO EM mm	SEÇÃO EM mm²	DIÂMETRO EM POLEGADAS	SEÇÃO EM CM
0000	11,68	107,2	0,4600	211.600
000	10,40	85,01	0,4096	167.800
00	9,266	67,43	0,3648	133.100
0	8,255	53,52	0,3249	105.500
1	7,348	42,41	0,2893	83.690
2	6,543	33,62	0,2576	66.370
3	5,827	26,67	0,2294	52.640
4	5,189	21,15	0,2043	41.740
5	4,620	16,77	0,1819	33.100
6	4,115	13,30	0,1620	26.250
7	3,665	10,55	0,1443	20.820
8	3,264	8,367	0,1285	16.510
9	2,906	6,631	0,1144	13.090
10	2,588	5,261	0,1019	10.380
11	2,304	4,168	0,09074	8.234
12	2,052	3,308	0,08081	6.530
13	1,829	2,627	0,07196	5.178
14	1,628	2,082	0,06408	4.107
15	1,450	1,652	0,05707	3.257

TABELA AWG	DIÂMETRO EM mm	SEÇÃO EM mm2	DIÂMETRO EM POLEGADAS	SEÇÃO EM CM
16	1,290	1,308	0,05082	2.583
17	1,151	1,0398	0,04526	2.048
18	1,024	0,8229	0,04030	1.624
19	0,9119	0,6530	0,03589	1.288
20	0,8128	0,5189	0,03196	1.022
21	0,7232	0,4116	0,02846	810,1
22	0,6426	0,3243	0,02535	642,4
23	0,5740	0,2588	0,02257	509,5
24	0,5105	0,2047	0,02010	404,0
25	0,4547	0,1624	0,01790	320,4
26	0,4039	0,1281	0,01594	254,1
27	0,3607	0,1022	0,01420	201,5
28	0,3200	0,0804	0,01264	159,8
29	0,2870	0,0647	0,01126	126,7
30	0,2540	0,0507	0,01003	100,5
31	0,2268	0,04040	0,008928	79,70
32	0,2019	0,03202	0,007950	63,21
33	0,1798	0,02540	0,007080	50,13
34	0,1600	0,02011	0,006305	39,75
35	0,1425	0,01594	0,005615	31,52
36	0,1270	0,01266	0,005000	25,00
37	0,1130	0,01003	0,004453	19,83
38	0,1006	0,00794	0,003965	15,72
39	0,08966	0,00631	0,003531	12,47
40	0,07976	0,00499	0,003145	9,888

Observa-se que o número do condutor se torna maior à medida que o seu diâmetro (ou seção) diminui. A tabela que está sendo apreciada pode ser prolongada nos dois sentidos; os diâmetros dos condutores em MILS obedecem a uma progressão geométrica crescente (do nº 40 ao nº 0000) cuja razão é aproximadamente 1,123. Assim, é fácil determinar o diâmetro correspondente a um número qualquer, sendo conhecido o diâmetro referente a outro número.

Há algumas regras que, com aproximação, são úteis na determinação de características de condutores:

– um aumento de seis números (por exemplo, de 8 a 2) dobra o diâmetro;
– um aumento de três números dobra a seção e o peso, e, em conseqüência, reduz a resistência à metade;
– um aumento de 10 números multiplica a seção e o peso por 10, e divide a resistência por 10;
– um fio nº 10 tem um diâmetro de cerca de 0,1 polegadas, uma seção de aproximadamente 10.000 CM e sua resistência é de aproximadamente 1 ohm por 1.000 pés.

APÊNDICE 3

LIMITE DE CONDUÇÃO DE CORRENTE DE CONDUTORES ISOLADOS

Isolamento	Borracha ou Termoplástico		Á Prova de Tempo
Instalação	Aberta	1 - 2 ou 3 Condutores no Eletroduto	Ao Ar Livre
Temperatura Máxima do Condutor	60° C	60° C	80° C
Bitola do Condutor AWG ou CM	Corrente Máxima Admissível(ampères por condutor)		
14	20	15	30
12	25	20	40
10	40	30	55
8	55	40	70
6	80	55	100
4	105	70	130
2	140	95	175
0	195	125	325
00	225	145	275
000	260	165	320
0000	300	195	370
250.000	340	215	410
300.000	375	240	460
400.000	455	280	555
500.000	515	320	630
600.000	575	355	710
7000.00	630	385	780
800.000	680	410	845
1.000.000	780	455	965
1.500.000	980	520	1.215
2.000.000	1.155	560	1.405

Nota: Esta Tabela baseia-se na temperatura-ambiente de 30° C

APÊNDICE 4
CONSTANTES DIELÉTRICAS
(A 20° C)

ACETONA	21,3
TETRACLORETO DE CARBONO	2,2
EBONITE	2,7–2,8
VIDRO	5 – 10
LUCITE	3,4
MICA	2,5–8,0
PAPEL	2,0–2,6
PAPEL (KRAFT)	3,5
POLIETILENO	2,2
POLYSTYRENE	2,6
PORCELANA	5,7–6,8
QUARTZO	5
BORRACHA	2,3–5,0
SHELLAC	2,7–3,7
STEATITE	5,0–6,3
ÁGUA	80,3
MADEIRA	2,5–7,7

APÊNDICE 5
RIGIDEZ DIELÉTRICA DE ALGUMAS SUBSTÂNCIAS
(Em kV/cm)

AR	30
VIDRO	75 – 300
EBONITE	270 – 400
MICA	600 – 750
BORRACHA PURA	330
CÊRA (PARAFINA)	600
CÊRA (DE ABELHA)	1.100

APÊNDICE 6

COEFICIENTE DE TEMPERATURA DA RESISTÊNCIA DE METAIS E LIGAS
(A 20°C)

ALUMÍNIO	0,003 9
ANTIMÔNIO	0,003 6
BISMUTO	0,004
COBRE	0,003 93
OURO	0,003 4
CHUMBO	0,003 87
MERCÚRIO	0,000 72
NÍQUEL	0,006 2
PLATINA	0,003
PRATA	0,003 8
AÇO-DOCE	0,001 6
TUNGSTÊNIO	0,005
ZINCO	0,003 7
BRONZE	0,002
CONSTANTAN (Cu 60, Ni 40)	0,000 005
PRATA-ALEMÃ (Ni 18)	0,000 4

IAIA 0,000 005

IDEAL.. 0,000 005

MANGANINA (Cu 84, Mn 12, Ni 4)........................... 0,000 006

METAL MONEL (Ni – Cu)... 0,001 9

NICROME (Fe, Ni, Cr) 0,000 19

APÊNDICE 7

RESISTIVIDADE, A 20° C, DE ALGUMAS SUBSTÂNCIAS

	Ohm-metro	Ohm. CM/pé
COBRE	$1,77 \times 10^{-8}$	10,68
ALUMÍNIO	$2,83 \times 10^{-8}$	17,10
BISMUTO	119×10^{-8}	717,00
PRATA	$1,63 \times 10^{-8}$	9,65
NÍQUEL	$7,77 \times 10^{-8}$	47,00
NICROME	$99,5 \times 10^{-8}$	601,00

APÊNDICE 8

RELAÇÕES TRIGONOMÉTRICAS

GRAUS	RADIANOS	SENO	TANGENTE	CO-TAN-GENTE	CO-SENO		
0	0,0000	0,0000	0,0000	∞	1,0000	1,5708	90
1	0,0175	0,0175	0,0175	57,29	0,9998	1,5533	89
2	0,0349	0,0349	0,0349	28,64	0,9994	1,5359	88
3	0,0524	0,0523	0,0523	19,08	0,9986	1,5184	87
4	0,0698	0,0698	0,0699	14,30	0,9976	1,5010	86
5	0,0873	0,0872	0,0875	11,43	0,9962	1,4835	85
6	0,1047	0,1045	0,1051	9,514	0,9945	1,4661	84
7	0,1222	0,1219	0,1228	8,144	0,9925	1,4486	83
8	0,1396	0,1392	0,1405	7,115	0,9903	1,4312	82
9	0,1571	0,1564	0,1584	6,314	0,9877	1,4137	81
10	0,1745	0,1736	0,1763	5,671	0,9848	1,3963	80
11	0,1920	0,1908	0,1944	5,145	0,9816	1,3788	79
12	0,2094	0,2079	0,2126	4,705	0,9781	1,3614	78
13	0,2269	0,2250	0,2309	4,331	0,9744	1,3439	77
14	0,2443	0,2419	0,2493	4,011	0,9703	1,3265	76
15	0,2618	0,2588	0,2679	3,732	0,9659	1,3090	75
16	0,2793	0,2756	0,2867	3,487	0,9613	1,2915	74
17	0,2967	0,2924	0,3057	3,271	0,9563	1,2741	73
18	0,3142	0,3090	0,3249	3,078	0,9511	1,2566	72
19	0,3316	0,3256	0,3443	2,904	0,9455	1,2392	71
20	0,3491	0,3420	0,3640	2,747	0,9397	1,2217	70
21	0,3665	0,3584	0,3839	2,605	0,9336	1,2043	69
22	0,3840	0,3746	0,4040	2,475	0,9272	1,1868	68
23	0,4014	0,3946	0,4245	2,356	0,9205	1,1694	67
24	0,4189	0,4067	0,4452	2,246	0,9135	1,1519	66
25	0,4363	0,4226	0,4663	2,145	0,9063	1,1345	65
26	0,4538	0,4384	0,4877	2,050	0,8988	1,1170	64
27	0,4712	0,4540	0,5095	1,963	0,8910	1,0996	63
28	0,4887	0,4695	0,5317	1,881	0,8829	1,0821	62
29	0,5061	0,4849	0,5543	1,804	0,8746	1,0647	61
30	0,5236	0,5000	0,5774	1,732	0,8660	1,0472	60
31	0,5411	0,5150	0,6009	1,664	0,8572	1,0297	59
32	0,5585	0,5299	0,6249	1,600	0,8480	1,0123	58
33	0,5760	0,5446	0,6494	1,540	0,8387	0,9948	57
34	0,5934	0,5592	0,6745	1,483	0,8290	0,9774	56
35	0,6109	0,5736	0,7002	1,428	0,8192	0,9599	55
36	0,6283	0,5878	0,7265	1,376	0,8090	0,9425	54
37	0,6458	0,6018	0,7536	1,327	0,7986	0,9250	53
38	0,6632	0,6157	0,7813	1,280	0,7880	0,9076	52
39	0,6807	0,6293	0,8098	1,235	0,7771	0,8901	51
40	0,6981	0,6428	0,8391	1,192	0,7660	0,8727	50
41	0,7156	0,6561	0,8693	1,150	0,7547	0,8552	49
42	0,7330	0,6691	0,9004	1,111	0,7431	0,8378	48
43	0,7505	0,6820	0,9325	1,072	0,7314	0,8203	47
44	0,7679	0,6947	0,9657	1,036	0,7193	0,8029	46
45	0,7854	0,7071	1,0000	1,000	0,7071	0,7854	45
		CO-SENO	CO-TANGENTE	TANGENTE	SENO	RADIANOS	GRAUS

APÊNDICE 9

CONDUTIVIDADES PERCENTUAIS

COBRE (PADRÃO) 100,00

ALUMÍNIO 65,00

ANTIMÔNIO 4,11

CÁDMIO 22,70

COBALTO 27,40

CONSTANTAN 4,01

CROMO 12,20

OURO 73,40

FERRO 17,75

MANGANINA 3,62

MERCÚRIO 1,80

NICROME 1,72

RÓDIO 36,40

PRATA 106,40

TUNGSTÊNIO 31,40

ZINCO 29,10

APÊNDICE 10

CURVAS DE MAGNETIZAÇÃO

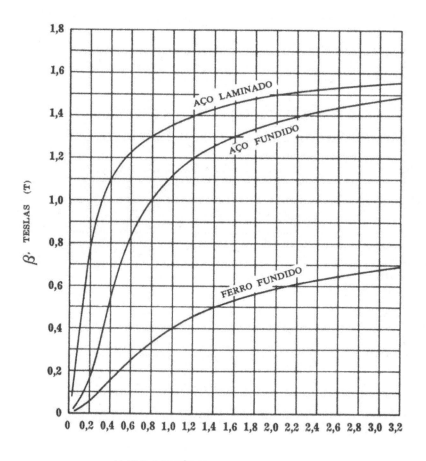

H. QUILOAMPÈRES-ESPIRAS/METRO (kA/m)

APÊNDICE 11

CURVAS EXPONENCIAIS UNIVERSAIS

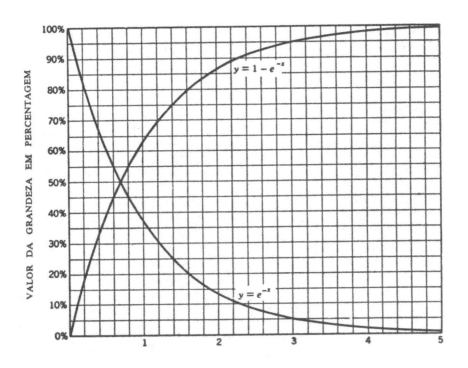

NÚMERO DE CONSTANTES DE TEMPO

APÊNDICE 12

DEDUÇÕES MATEMÁTICAS

Os estudantes com maior base matemática encontrarão a seguir informações complementares sobre alguns dos assuntos estudados nos capítulos indicados.

Valor médio de uma C.A. senoidal

Aprendemos no Capítulo XIII que o valor instantâneo de uma C.A. senoidal é dado pela expressão:

$$i = I_{max} \, sen \, \omega$$

Representemos ωt por θ:

$$i = I_{max} \, sen \, \theta$$

Sabemos que uma alternação é completada quando θ varia de $0°$ a $180°$, isto é, de 0 a π radiano: trabalhamos com meio ciclo porque o valor médio de um ciclo completo (duas alternações iguais e de sinais opostos) é zero.

Assim, o valor médio (Im) da corrente é

$$I_m \frac{1}{\pi} \int_0^\pi I_{max} sen \, \theta . d\theta =$$

$$= \frac{-I_{max}}{\pi} \left[cos 0 \right]_0^\pi =$$

$$= \frac{2 I_{max}}{\pi} =$$

$$= 0,636 \, I_{max}$$

Como a tensão entre os extremos de um resistor é diretamente proporcional à corrente, a expressão achada para o valor médio da corrente também se aplica ao valor médio da tensão senoidal:

$$E_m = 0,636 \, E_{max}$$

Valor eficaz de uma função periódica
(Ver Cap. XIII)

Podemos definir o valor eficaz de uma corrente periódica comparando-a com uma corrente contínua. Admitamos que a corrente periódica i foi estabelecida em um corpo de resistência R. Em um período T, a energia W_1 consumida em R é (Lei de Joule):

$$W_1 = \int_{t_1}^{t_2} i^2 R \, dt \quad t_2 - t_1 = T$$

Suponhamos agora que resistência idêntica R esteja sendo percorrida por uma corrente contínua I de tal intensidade que, no mesmo tempo T, a energia elétrica consumida em R também seja W_1. Assim,

$$W_1 = \int_{t_1}^{t_2} I^2 R \, dt$$

Igualando as duas expressões:

$$\int_{t_1}^{t_2} I^2 \, dt = \int_{t_1}^{t_2} i^2 \, dt$$

Integrando e resolvendo para I,

$$I = \sqrt{\frac{1}{T} \int_{t_1}^{t_2} i^2 \, dt}$$

A corrente I é o valor eficaz (I_{ef}) e corresponde à raiz quadrada da média dos quadrados dos valores instantâneos.

Sabemos que para uma corrente senoidal

$$i = I_{max} \operatorname{sen} \frac{2\pi t}{T}$$

Podemos igualar a energia dissipada na resistência R (durante um período da onda) com a energia dissipada no mesmo tempo por uma corrente I uma resistência R igual,

$$\int_0^T \left(I_{max} \operatorname{sen} \frac{2\pi t}{T}\right)^2 R \, dt = \int_0^T I^2 R \, dt$$

Agora, dividindo por R e visando a identidade

$$\operatorname{sen}^2 \frac{2\pi t}{T} = \frac{1}{2}\left(1 - \cos \frac{4\pi t}{T}\right)$$

Para integrar o membro esquerdo da equação, temos

$$I_{max}^2 \left[\frac{t}{2} - \frac{T}{4\pi} \operatorname{sen} \frac{4\pi t}{T}\right]_0^T = I^2 t]_0^T$$

Resolvendo para I,

$$I_{ef}^2 = \frac{I_{max}^2}{2}$$

$$I_{ef} = \frac{I_{max}}{\sqrt{2}}$$

$$I_{ef} = 0,707 I_{max}$$

Crescimento da carga de um capacitor
(Ver Cap. XXI)

Consideremos uma capacitância C (em farads) em série com uma resistência R (em ohms). Se uma tensão E for aplicada ao conjunto, no instante t = 0 a diferença de potencial entre as placas do capacitor será zero e a corrente instantânea no circuito será $i = \dfrac{E}{R}$.

À medida que a carga do capacitor for crescendo, a diferença de potencial entre suas placas atuará como uma força contra-eletromotriz e a corrente de carga será reduzida para

$$i = \frac{(E - e_c)}{R} \qquad e_c = \text{Tensão instantânea no capacitor}$$

ou

$$iR = E - e_c$$

Podemos, escrever que

$$e_c = \frac{q}{C} \qquad e \qquad i = \frac{dq}{dt}$$

Então,

$$R \cdot \frac{dq}{dt} = E - \frac{q}{C} = \frac{CE - q}{C}$$

$$CR \cdot \frac{dq}{dt} = -(q - CE)$$

$$\frac{dq}{q - CE} = \frac{-dt}{CR}$$

Integrando,

$$\log(q - CE) = -t/CR + R$$

$$q - CE = K.e^{-\frac{t}{CR}}$$

Substituindo,

$q = 0$ quando $t = 0$.

$$0 - CE = k \cdot e^0$$
$$- CE = k$$
$$q = CE - CE.e^{\frac{t}{CR}}$$
$$q = CE(I - e^{\frac{t}{CR}})$$

Integrando,

$$-\frac{I}{R} \cdot \log(E - iR) = \frac{t}{L} + k$$

$$E - iR = k.e^{\frac{Rt}{I}}$$

Substituindo $i = 0$ quando $t = 0$

$$E - 0 = k \cdot e^0$$
$$E = k$$
$$E - iR = E \cdot e^{\frac{Rt}{I}}$$
$$iR = E - E \cdot e^{\frac{Rt}{I}} = E(I - e^{\frac{Rt}{I}})$$
$$i = \frac{E}{R} (I - e^{\frac{Rt}{I}})$$

Crescimento da corrente em um circuito R-L
(Ver Cap. XXI)

Se uma fonte de E volts for aplicada no instante $t = 0$ a um circuito contendo resistência R (em ohms) e indutância L (em henrys), a corrente instantânea de i ampères, após um tempo de t segundos, proporcionará uma queda de tensão iR na resistência e uma força contra--eletromotriz L. di/dt na indutância:

$$E = L\frac{di}{dt} + iR$$

$$E - iR = L.\frac{di}{dt}$$

$$\frac{di}{E - iR} = \frac{dt}{L}$$